“toio”で あそぶ！まなぶ！ロボットプログラミング

著者：相川いずみ　監修：株式会社ソニー・インタラクティブエンタテインメント

SE SHOEISHA

toio

この本《ほん》の楽《たの》しみかた

『“toio”であそぶ！まなぶ！ロボットプログラミング』の世界《せかい》へようこそ！　この本《ほん》はどちらからでも楽《たの》しめるようになっているけれど、この「あそび」パートでは、toioの「ビジュアルプログラミング」で、ゲームやクイズの“ものづくり”に挑戦《ちょうせん》していくぞ！

ぼくたちもいっしょに、toioのビジュアルプログラミングにちょうせんしていくよ！　作例《さくれい》は全部《ぜんぶ》で8しゅるい！　最初《さいしょ》からひとつひとつ作《つく》ってもいいし、自分《じぶん》の好《す》きなものから作《つく》ってみてもオーケーだよ。

toioには、プログラミングであそぶ以外《いがい》にも、せんようタイトルでゲームをしたり、工作《こうさく》をしたりしてあそぶことができるのよ！　ぜひ、toioといっしょにあそんでみてね。

現在発売中《げんざいはつばいちゅう》のtoioであそべるせんようタイトル

トイオ・
コレクション

~みんなでもっと楽《たの》しめる~
トイオ・コレクション
拡張《かくちょう》パック

工作生物《こうさくせいぶつ》
ゲズンロイド

GoGo ロボット
プログラミング
~ロジーボのひみつ~

トイオ・
ドライブ

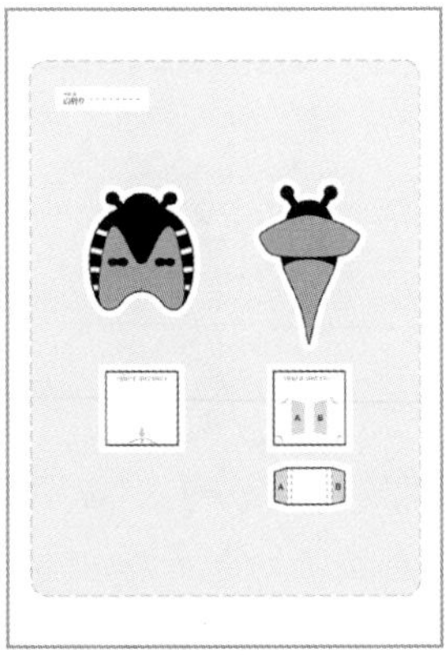

購入者特典《こうにゅうしゃとくてん》！

『工作生物《こうさくせいぶつ》　ゲズンロイド』の特別型紙《とくべつかたがみ》

さ・ら・に！　この本《ほん》を買《か》ってくれた人《ひと》への特典《とくてん》として『工作生物《こうさくせいぶつ》　ゲズンロイド』のとくべつな型紙《かたがみ》をプレゼントするよ！　この本《ほん》の表紙《ひょうし》カバーのうらに印刷《いんさつ》されているので、コピーして使《つか》ってね！

もくじ

Part 2

Part 3

作例《さくれい》❶～❽のプログラムやチャレンジシートは、次《つぎ》のURLからダウンロードできます。

https://www.shoeisha.co.jp/book/download/9784798165028

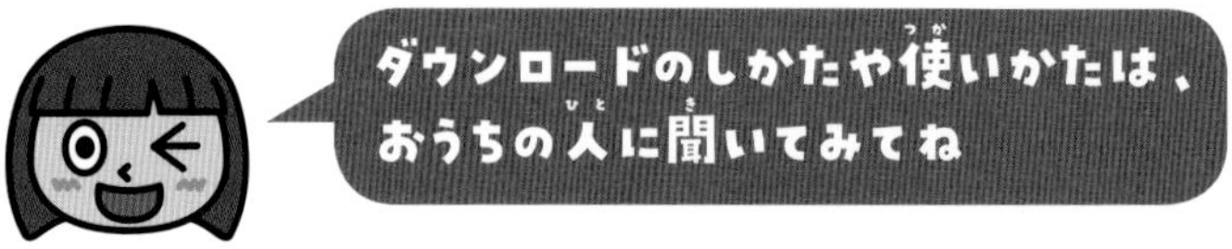
ダウンロードのしかたや使《つか》いかたは、
おうちの人《ひと》に聞《き》いてみてね

チャレンジシートについては、
100ページを読《よ》んでね

本書付属データのうち、プログラムファイルはZIP形式で圧縮されています。ダウンロードしたファイルをダブルクリックすると、ファイルが解凍され、ご利用いただけます。

プログラムの著作権やライセンス、注意事項などの詳細は、解凍したフォルダーにあるReadme.txtをご覧ください。また、チャレンジシートはPDFファイルとして提供されます。ご自由に印刷してお使いください。

付属データの提供は予告なく終了することがあります。あらかじめご了承ください。

また、書籍および付属データの提供にあたっては正確な記述につとめましたが、著者や出版社などのいずれも、その内容に対して何ら保証するものではなく、内容やプログラムに基づくいかなる運用結果に関しても一切の責任を負いません。

キューブのしくみ

ここでしか見《み》られない！
toioキューブの
中《なか》身《み》を大《だい》公《こう》開《かい》！

あんなしくみやこんなしくみが
小《ち》さいボディにつまってるよ！！
いっしょに見《み》てみよう！

キューブの中身《なかみ》を見《み》てみよう！

toioのキューブに何《なに》が入《はい》っているのか、とうめいなキューブを使《つか》って見《み》てみよう。なかなか見《み》ることができないキューブのしくみにせまっていくよ。

圧電《あつでん》スピーカー
音《おと》はここから出《で》ているんだ。

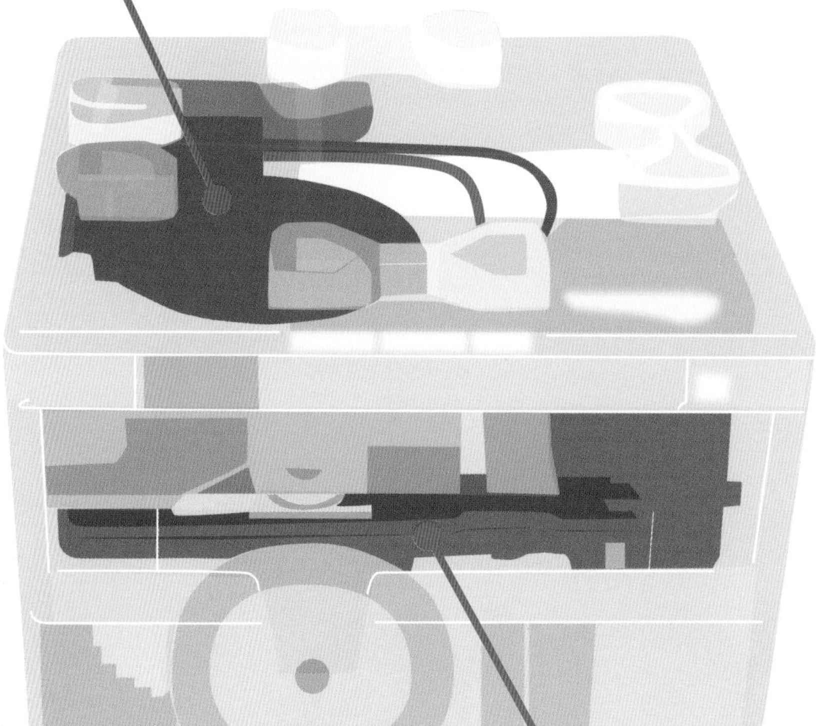

メイン基板《きばん》
キューブの頭脳《ずのう》だ。コンソールやパソコンからのめいれいを受《う》け取《と》ったり、センサーに反応《はんのう》したり、モーターを動《うご》かしたりするよ。

外《そと》からは見《み》えないけど、いろんなそうちがギュッとつまっているんだね！

タイヤとギヤ

キューブがモーターの
力《ちから》で走《はし》るためのしくみだ。

読《よ》み取《と》りセンサー

マットの上《うえ》のとくしゅないんさつ
を読《よ》み取《と》って、キューブが今《いま》ど
こにいるかを知《し》ることができるよ。

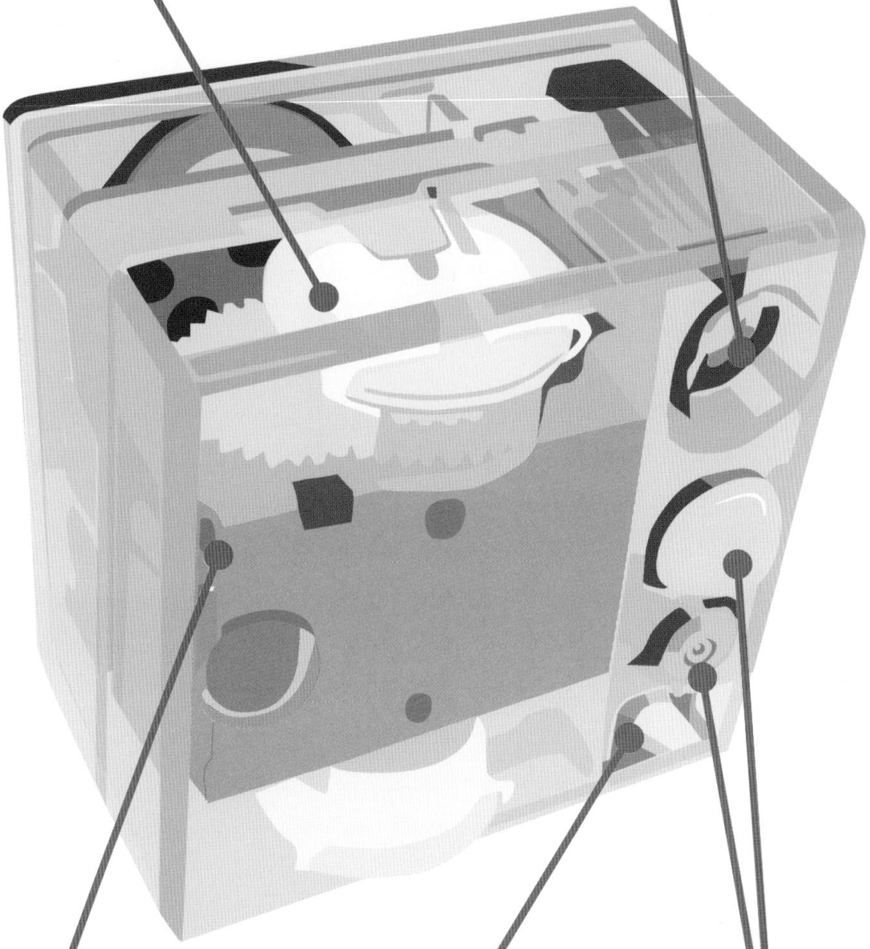

モーター

シャーシ（ほねぐみ）
の中《なか》に入《はい》っていて、
バッテリーの電気《でんき》を
動《うご》きに変《か》えるよ。

充電用端子《じゅうでんようたんし》

キューブはここから
電気《でんき》を受《う》け取《と》るよ。

ボタン

電源《でんげん》ボタンや、
ランプの付《つ》いた
ボタンがあるよ。

キューブを大《だい》かいぼう！

パーツをならべてさらにくわしく見《み》てみよう！　小《ちい》さいボディにたくさんの「しくみ」がつまっている、キューブのひみつを大公開《だいこうかい》！

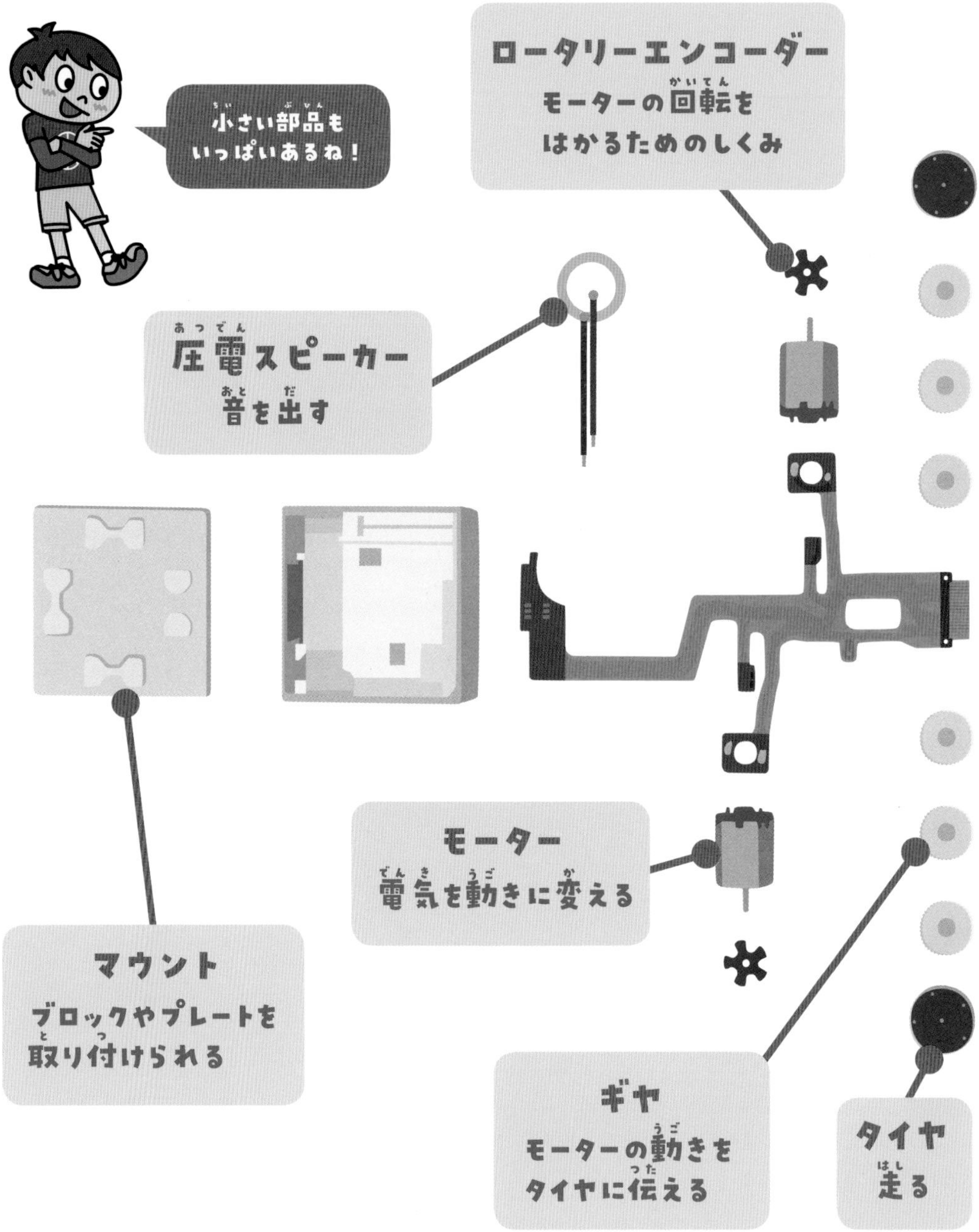

小《ちい》さい部品《ぶひん》も
いっぱいあるね！
ロータリーエンコーダー
モーターの回転《かいてん》を
はかるためのしくみ
圧電《あつでん》スピーカー
音《おと》を出《だ》す
マウント
ブロックやプレートを
取《と》り付《つ》けられる
モーター
電気《でんき》を動《うご》きに変《か》える
ギヤ
モーターの動《うご》きを
タイヤに伝《つた》える
タイヤ
走《はし》る

toioのキューブには、とても多《おお》くのパーツが使《つか》われています。センサーやボタンなどからの「入力《にゅうりょく》」は、頭脳《ずのう》といえるメイン基板《きばん》が受《う》け取《と》り、プログラムによって、モーターやブザーなどからの「出力《しゅつりょく》」になります。たくさんのパーツが正確《せいかく》にせいぎょされることで、キューブが動《うご》いているのです。

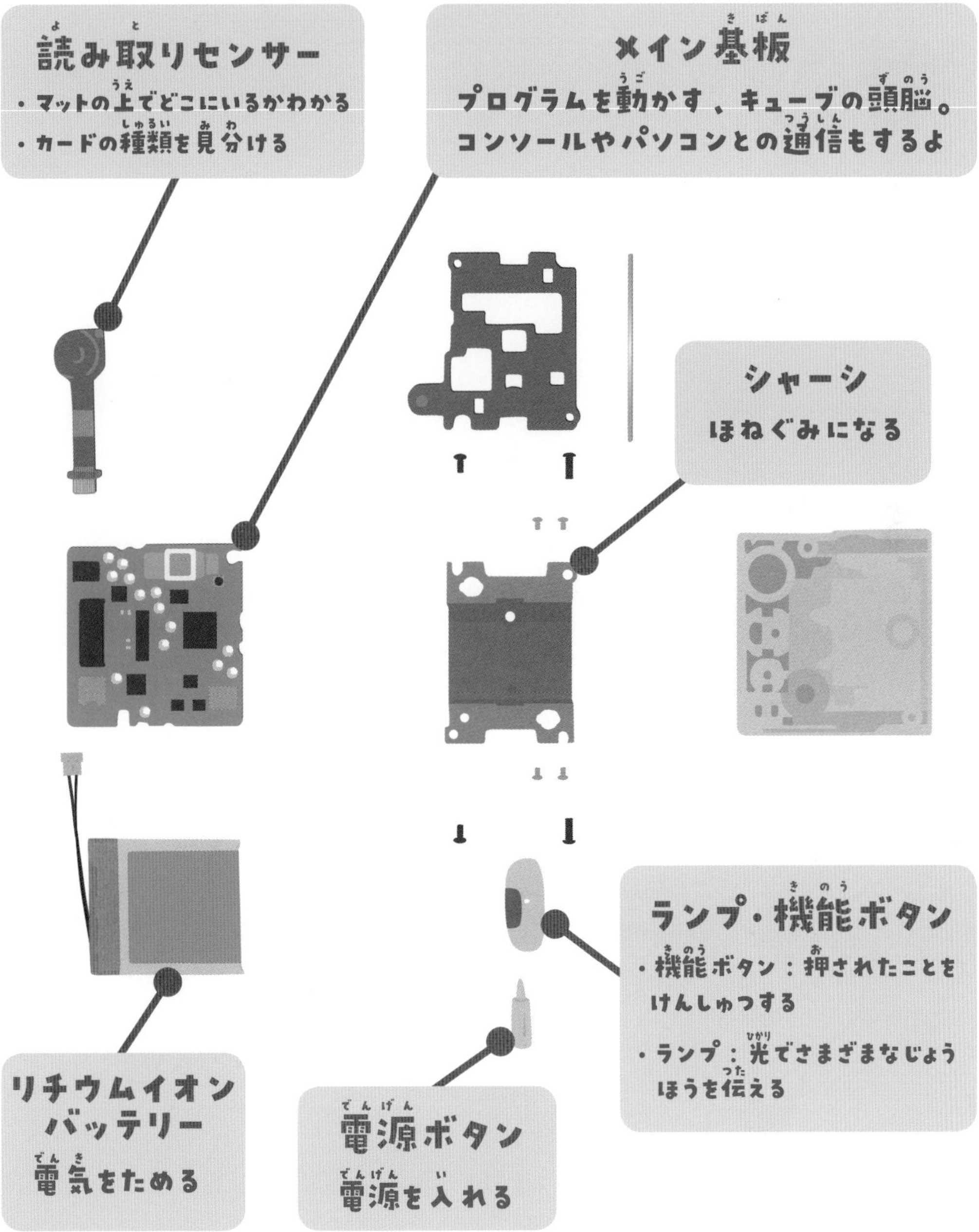
読《よ》み取《と》りセンサー
・マットの上《うえ》でどこにいるかわかる
・カードの種類《しゅるい》を見分《みわ》ける
メイン基板《きばん》
プログラムを動《うご》かす、キューブの頭脳《ずのう》。
コンソールやパソコンとの通信《つうしん》もするよ
シャーシ
ほねぐみになる
ランプ・機能《きのう》ボタン
・機能《きのう》ボタン：押《お》されたことをけんしゅつする
・ランプ：光《ひかり》でさまざまなじょうほうを伝《つた》える
リチウムイオンバッテリー
電気《でんき》をためる
電源《でんげん》ボタン
電源《でんげん》を入《い》れる

キャラクターしょうかい

ぼくたちと
ロボットプログラミングを
学《まな》んでいこう！

学《まなぶ》くん

元《げん》気《き》な10さい。プログラミングとサッカーとゲームが大《だい》好《す》き！

楽《たの》しいあそびも
いっぱいあるよ！

遊《ゆう》ちゃん

学《まなぶ》くんのふたごの妹《いもうと》で、しっかりもの。そうじとぶんぼうぐ集《あつ》めが好《す》き。

toioはかせ

toioでいろいろな発明《はつめい》をしているはかせ。toioのことならなんでも知《し》っているよ！

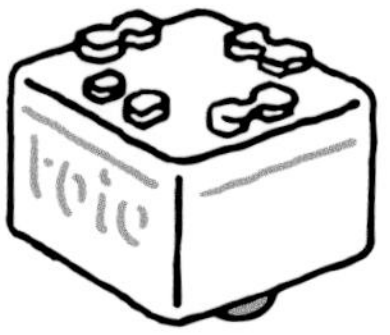

toioであそぼう！

ビジュアルプログラミングでいろいろなあそびを作《つく》ってみよう

toioで
プログラミングに
チャレンジしよう！

8つのプログラムを紹介《しょうかい》

- 動《うご》く輪《わ》投《な》げ
- にぎやかな街《まち》
- 楽器《がっき》
- サッカー
- おにごっこ
- カーリング
- 英単語《えいたんご》クイズ
- おそうじロボット

toioでプログラミングしてあそぼう！

ビジュアルプログラミングの始《はじ》め方《かた》

はじめに　toioのプログラミングに必要《ひつよう》なじゅんびをしよう

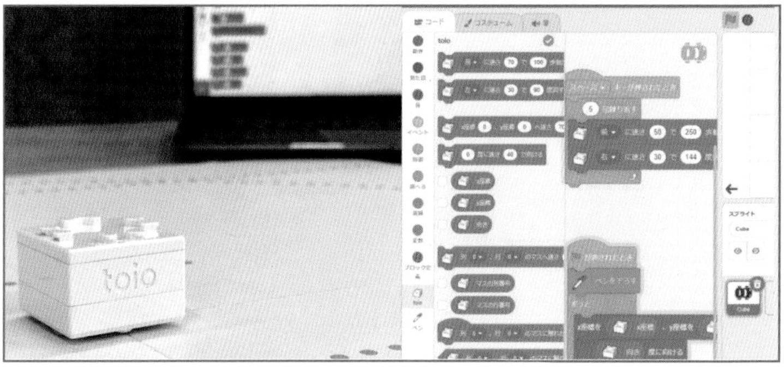

toioでプログラミングしてオリジナルの作品《さくひん》を作《つく》るときは、「ビジュアルプログラミング」というアプリを使《つか》います。このページでは、ビジュアルプログラミングの使《つか》い方《かた》と知《し》っておきたい言葉《ことば》などを説明《せつめい》します。

用意《ようい》するもの　toioのビジュアルプログラミングに必要《ひつよう》なもの

- **toioコア キューブ（以下《いか》キューブ）**　※toio本体《ほんたい》セットにふぞく、あるいは単体版《たんたいばん》

  キューブ2台《だい》のほか、充電用《じゅうでんよう》にtoio コンソールか、キューブ専用充電器《せんようじゅうでんき》も用意《ようい》してください。

- **プレイマット（以下《いか》マット）**　※「トイオ・コレクション」、「コア キューブ（単体《たんたい》）」にふぞく

  キューブはマットがなくてもプログラミングができますが、ふぞくのマットを使《つか》えばtoioならではの座標《ざひょう》を使《つか》ったプログラミングを楽《たの》しむことができます。

- **toioのビジュアルプログラミングに対応《たいおう》したパソコンとブラウザ**

  パソコンはWindows/Macどちらでも OKです。

  ・Windows10 64bitバージョン1709以上《いじょう》を搭載《とうさい》かつ、Bluetooth® 4.0対応《たいおう》のパソコン
  ・macOS 10.13以上《いじょう》を搭載《とうさい》かつ、Bluetooth® 4.0対応《たいおう》

- **インターネットに接続《せつぞく》できる環境《かんきょう》**

  「ビジュアルプログラミング」は、ブラウザ上《じょう》で利用《りよう》するため、常《つね》にインターネットが接《せつ》続《ぞく》できる環境《かんきょう》が必要《ひつよう》です。インターネット接続《せつぞく》は、プロキシを介《かい》さない接続《せつぞく》が必要《ひつよう》です。

パソコンのじゅんび　ビジュアルプログラミングの使《つか》い方《かた》を覚《おぼ》えよう

プログラミングするまでのじゅんびは4ステップ

Scratch Linkをダウンロードして起動《きどう》 → キューブのでんげんを入れる → ビジュアルプログラミングを起動《きどう》 → キューブを接続《せつぞく》する

❶「Scratch Link」を用意《ようい》する

ビジュアルプログラミングを使《つか》うために、「Scratch Link」（スクラッチリンク）というアプリをダウンロードする必要《ひつよう》があります。

ダウンロードしてインストールするのは最初《さいしょ》だけで、あとは使《つか》う前《まえ》に起動《きどう》するだけでOKです。

ここからダウンロードしよう⬇

Mac App Store からダウンロード
https://apple.co/3aqqYtO

Microsoft から入手
https://www.microsoft.com/ja-jp/p/scratch-link/9n48xllczh0x

❷「Scratch Link」を起動《きどう》する

「Scratch Link」のインストールができたら、必《かなら》ず、**ビジュアルプログラミングを使《つか》う前《まえ》にScratch Linkを起動《きどう》**してください。

Macの場合《ばあい》

❶デスクトップの上《うえ》にあるメニューから「移《い》動《どう》」→「アプリケーション」を選《えら》んで、「Scratch Link」を起動《きどう》します。

❷画面上《がめんじょう》のツールバーに、「S」のアイコンが出《で》ていることをかくにんします。

Windowsの場合《ばあい》

❶スタートメニューから「Scratch Link」を起動《きどう》します。

❷デスクトップの右下《みぎした》に「S」のアイコンが出《で》ていることをかくにんします。

Scratch Linkは、ビジュアルプログラミングのアプリとキューブをつなぐ役目《やくめ》をしてくれるのだ！

③ キューブのでんげんを入《い》れます

キューブのでんげんを入《い》れます。キューブのうら側《がわ》にある、左下《ひだりした》の小《ち》さな白《しろ》いボタンを2秒《びょう》ほどおします。でんげんが入《はい》ると、キューブのランプが青《あお》く光《ひか》ります。

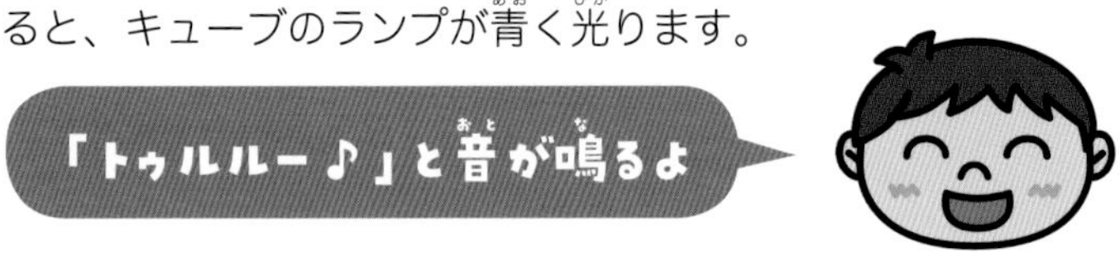

④ ビジュアルプログラミングを起動《きどう》します

パソコンのブラウザで、ビジュアルプログラミングのアプリにアクセスします。
https://toio.github.io/toio-visual-programming/beta/

キューブを2台同時《だいどうじ》に動《うご》かす場合《ばあい》は、「開発者版《かいはつしゃばん》のアプリ」を使《つか》います（作例《さくれい》5、6）。

ビジュアルプログラミング開発者版《かいはつしゃばん》

https://toio.github.io/toio-visual-programming/dev/

はじめて使《つか》うときは大人《おとな》の人《ひと》と以下《いか》のサイトの内容《ないよう》を読《よ》んでください。
https://github.com/toio/toio-visual-programming/wiki/about

⑤ 接続画面《せつぞくがめん》を表示《ひょうじ》します

ビジュアルプログラミングの画面《がめん》が表示《ひょうじ》されたら、左側《ひだりがわ》のメニューから「toio」を選《えら》び、右上《みぎうえ》の赤《あか》い「！」マークをクリックして、キューブの接続画面《せつぞくがめん》を表示《ひょうじ》します。

⑥ キューブをつなぎます

接続画面《せつぞくがめん》の右上《みぎうえ》の「接続《せつぞく》する」ボタンをクリックします。キューブから「トゥルトゥルルー♪」という音《おと》が鳴《な》れば成功《せいこう》です。

※でんげんの入《はい》ったキューブが2つ以上《いじょう》あると、すべてのキューブが接続画面《せつぞくがめん》に出《で》ます。一度《いちど》につなげるキューブは1台《だい》ですが、開発版《かいはつばん》では最大《さいだい》2台《だい》までのキューブをつなげられます。

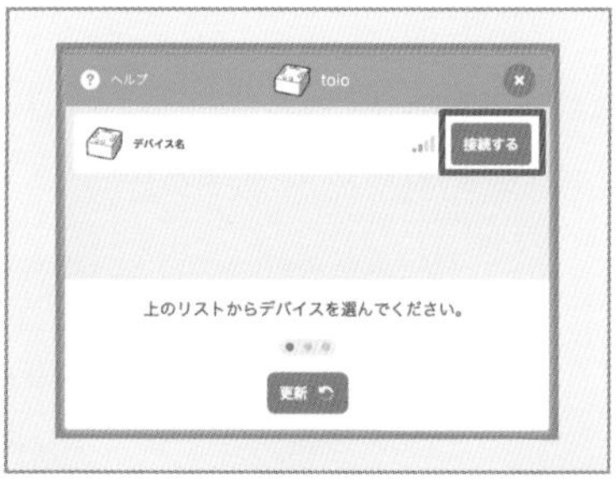

ビジュアルプログラミングでのよくあるトラブル

- キューブがつながらない
  Scratch Linkを起動《きどう》していますか？ 「もう一度試《いちどため》す」ボタンをおしてもう一回《いっかい》やってみましょう。
- 接続画面《せつぞくがめん》リストにキューブが出《で》るが、つなげられない
  キューブのでんげんを入《い》れ直《なお》し、③ からもう一度《いちど》やり直《なお》してみましょう。

かくにん　ビジュアルプログラミングの名前《なまえ》を覚《おぼ》えよう

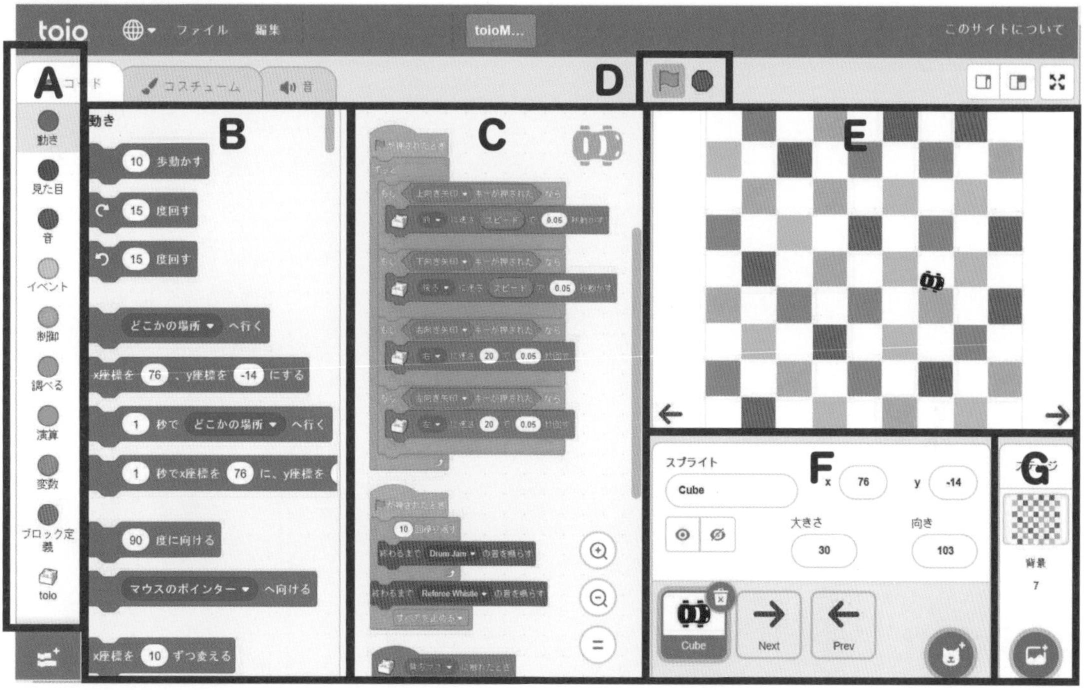

A　ブロックメニュー
ブロックが、種類別《しゅるいべつ》に入《はい》っています

B　ブロックリスト
使《つか》いたいブロックはここから選《えら》びます

C　プログラム（コード）
選《えら》んだブロックを上《うえ》からならべていきます

D　プログラムを始《はじ》めるボタンとストップボタン
（緑《みどり》の旗《はた》）ボタンをおすとプログラムが始《はじ》まり、赤《あか》い●ボタンをおすと止《と》まります

E　ステージ
作《つく》ったプログラムがここで動《うご》きます

F　スプライト
キューブなどの動《うご》かしたいキャラクターを、ここに追加《ついか》します

G　背景《はいけい》
背景《はいけい》をかえたいときに使《つか》います
スプライトや背景《はいけい》には自分《じぶん》でかいた絵《え》を使《つか》うこともできます

はじめてプログラミングをする人《ひと》はここを読《よ》んでね

まずは「Scratch 3.0」のチュートリアルから始《はじ》めてみよう

ビジュアルプログラミングは、子《こ》ども向《む》けのプログラミングアプリ『Scratch（スクラッチ）3.0』と同《おな》じそうさで使《つか》うことができます。

※Scratchは、MITメディア・ラボのライフロング・キンダーガーテン・グループの協力により、Scratch財団が進めているプロジェクトです。https://scratch.mit.edu から自由に入手できます。

Scratch 3.0 チュートリアル
https://scratch.mit.edu/projects/editor/?tutorial=getStarted

むずかしさ

作例《さくれい》❶

図形《ずけい》で「動《うご》く輪投《わな》げ」を作《つく》ろう！

算数
図形

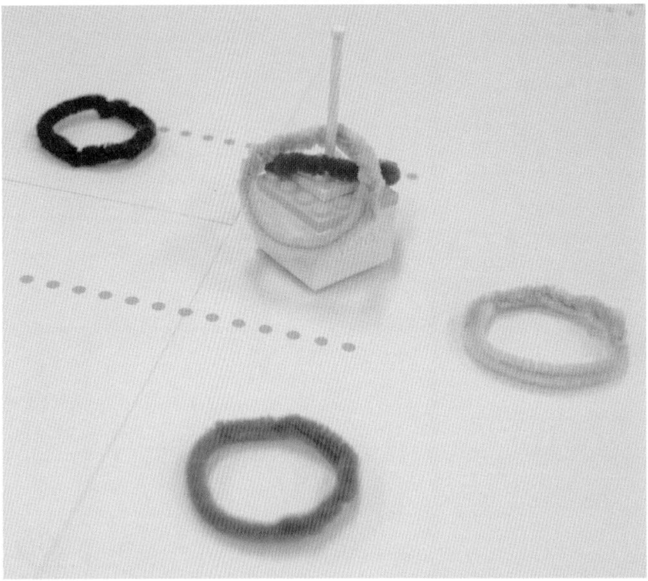

「まと」が四角形《しかくけい》や星形《ほしがた》に動《うご》く輪投《わな》げを作《つく》ってみよう

最初《さいしょ》にチャレンジするのは、四《し》角形《かくけい》や星形《ほしがた》などの図形《ずけい》にそって、キューブが動《うご》く輪投《わな》げです。キューブが前後《ぜんご》に動《うご》いたり、向《む》きを変《か》えたりするプログラムを組《く》み合《あ》わせて、自動《じどう》で動《うご》き回《まわ》るプログラムを作《つく》ります。ふつうの輪投《わな》げとちがい、「まと」になるキューブが動《うご》き回《まわ》るので、なかなか入《はい》らず大《おお》もり上《あ》がり！

楽《たの》しみながら図形《ずけい》をかくプログラムを作《つく》ってみましょう。

動《うご》く輪投《わな》げの作《つく》りかた

作業時間《さぎょうじかん》の目安《めやす》：30～40分

toioのプログラミングを始《はじ》めるぞーっ！
キューブとパソコンもじゅんびOK。
マットも用意《ようい》したよ！
さぁ、輪投《わな》げを作《つく》るぞー！

キューブが四角形《しかくけい》や星形《ほしがた》に動《うご》くプログラムを作《つく》るのね！ わたしもやってみようかな。

まずは、キューブの動《うご》かし方《かた》から見《み》ていこう！
「キューブが前《まえ》に進《すす》むプログラム」と「角度《かくど》を指定《してい》して右《みぎ》や左《ひだり》に向《む》くプログラム」を組《く》み合《あ》わせれば、好《す》きな形《かたち》に動《うご》かすことができるのだ！

これだけは覚《おぼ》えよう! よく使《つか》う toioのきほんプログラム

❶ 座標《ざひょう》を指定《してい》するプログラム

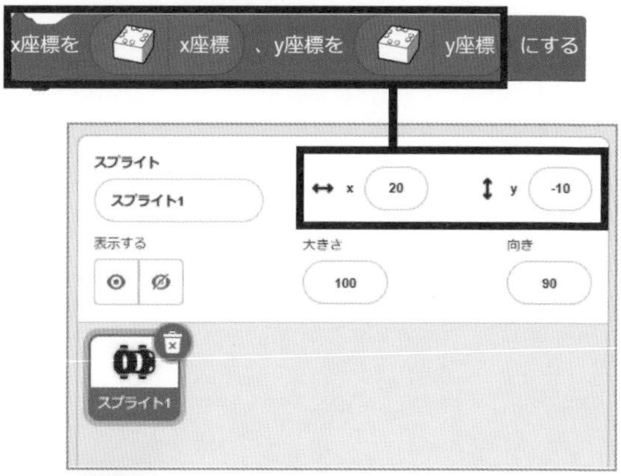

キューブの位置《いち》センサーを使《つか》い、マット上《じょう》の位置《いち》と、画面《がめん》の位《い》置《ち》を連動《れんどう》させるプログラムです。「動《うご》き」メニューの中《なか》にある「x座標《ざひょう》を〜、y座標《ざひょう》を〜にする」というブロックに「x座標《ざひょう》」(横《よこ》の位《い》置《ち》)と「y座標《ざひょう》」(たての位《い》置《ち》)を入《い》れることにより、キューブの位置《いち》を画面上《がめんじょう》で指定《してい》できます。

あそびのヒント 座標《ざひょう》を使《つか》ってプログラミングできると、場所《ばしょ》を指定《してい》してキューブを動《うご》かすようなふくざつな動《うご》きやしかけを作《つく》れるよ!

---

❷ キューブを動《うご》かすプログラム

●キューブを前後《ぜんご》に動《うご》かす

●キューブの向《む》きを変《か》える、回転《かいてん》させる

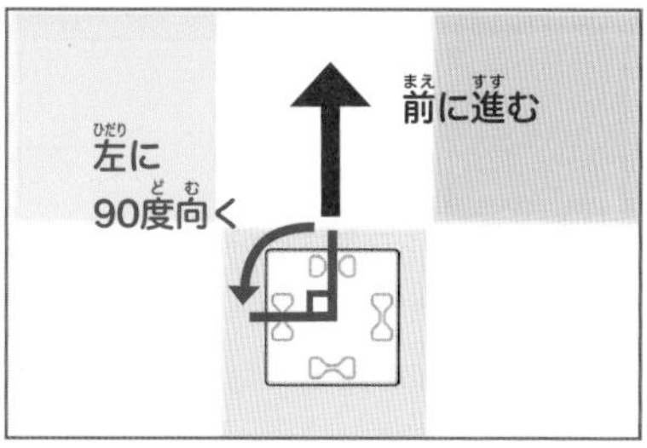

キューブを動《うご》かすには、「toio」のメニューの中《なか》にある動《うご》きのブロックを使《つか》います。

速《はや》さや距離《きょり》を指定《してい》することで、どれだけ動《うご》くかを調整《ちょうせい》できます。向《む》きを変《か》える場合《ばあい》、角度《かくど》を入《い》れることで、キューブを四角形《しかくけい》や六角《ろっかく》形《けい》といった図形《ずけい》の形《かたち》に動《うご》かすプログラムが作《つく》れます。これらのプログラムは、必《かなら》ずキューブをマットの上《うえ》に乗《の》せてから使《つか》いましょう。

きほんのプログラミング

輪《わ》投《な》げのまとをキューブで作《つく》ろう

キューブを正方形《せいほうけい》や星形《ほしがた》に動《うご》かしてみよう

動《うご》く「めいろ」を作《つく》るには、キューブを一定時間動《いっていじかんうご》かし続《つづ》けるプログラムにする必要《ひつよう》があります。「きほんのプログラミング」では、「動《うご》き」と「繰《く》り返《かえ》し」のブロックを使《つか》い、図形《ずけい》を作《つく》ってみましょう。

❶ キューブが動《うこ》いたあとを画面《がめん》にえがく

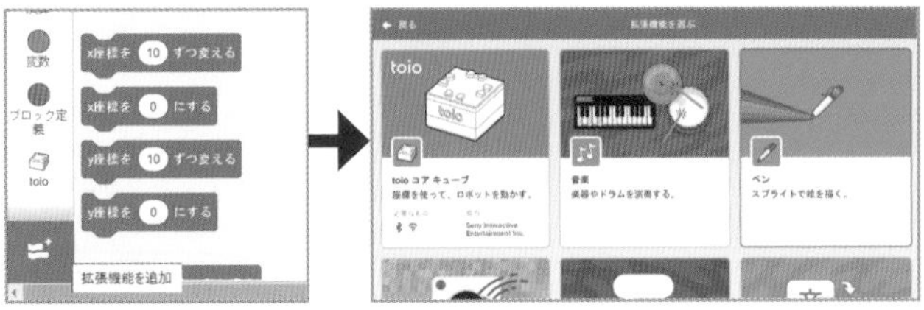

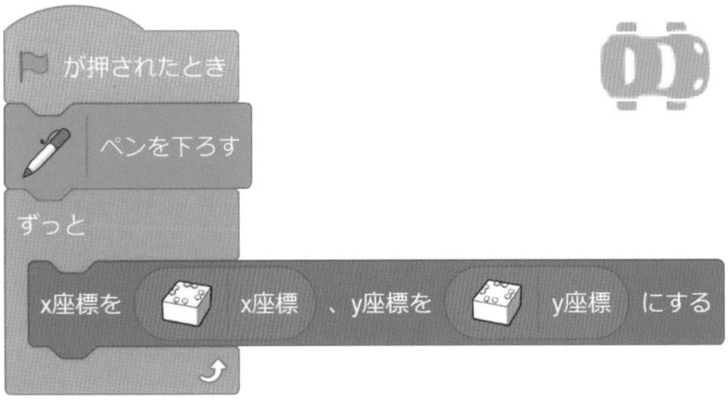

図形《ずけい》どおりに動《うご》くプログラムを作《つく》る前《まえ》に、キューブがどのように動《うご》いたかわかるプログラムを作《つく》ります。

まず、画面左下《がめんひだりした》の「拡張機能《かくちょうきのう》を追加《ついか》」マークをクリックして「ペン」を選《えら》ぶと、ペンのブロックが追加《ついか》されます。「toio」メニューの下《した》にある「ペン」から、「ペンをおろす」ブロックを使《つか》います。これに、「座《ざ》標《ひょう》」ブロックを組《く》み合《あ》わせると、キューブが動《うご》いたとおりに画面上《がめんじょう》にペンのあとがついていきます。

❷ キューブで正方形《せいほうけい》をかく その1

キューブで正方形《せいほうけい》を作《つく》ります。正方形《せいほうけい》は4つの同《おな》じ長《なが》さの辺《へん》でできており、辺《へん》と辺《へん》の角度《かくど》は90度《ど》です。まずは、1つ目《め》の辺《へん》を作《つく》るため、19ページに出《で》てきた「動《うご》きのプログラム」で100歩動《ぽうご》かすようにします。そのあと、キューブが2つ目《め》の辺《へん》を作《つく》れるように、左《ひだり》に90度向《どむ》くようにします。

❸ キューブで正方形《せいほうけい》をかく その2

❷で作《つく》った「ひとつの辺《へん》を動《うご》いて90度横《どよこ》を向《む》く」というひとかたまりのプログラムを4つ続《つづ》けると正方形《せいほうけい》になります。ここでは、同《おな》じ命令《めいれい》を何度《なんど》も繰《く》り返《かえ》してくれる「繰《く》り返《かえ》す」ブロックを使《つか》い「制御《せいぎょ》」メニューにある「○回繰《かいく》り返《かえ》す」ブロックを使《つか》って、4回繰《かいく》り返《かえ》すプログラムを作《つく》ります。

「繰《く》り返《かえ》す」のブロックはとっても便利《べんり》！
同《おな》じプログラムを4つ使《つか》っても正方形《せいほうけい》は作《つく》れるけど、「繰《く》り返《かえ》す」のブロックを使《つか》えば、プログラムも短《みじか》くまとめられます。

④ さらに繰《く》り返《かえ》しを使《つか》い、動《うご》く輪《わ》投《な》げにする

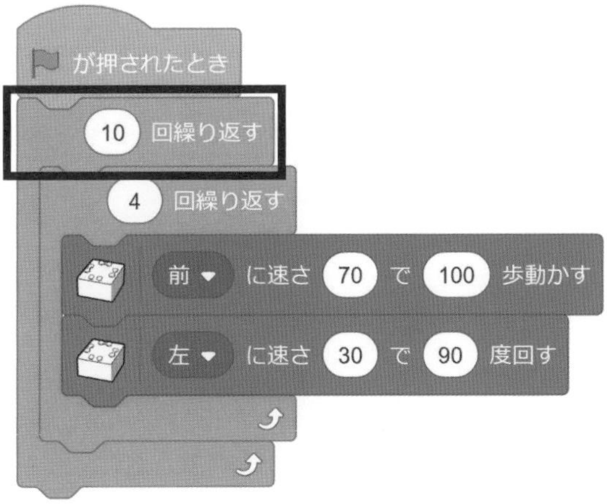
が押されたとき
10 回繰り返す
4 回繰り返す
前 に速さ 70 で 100 歩動かす
左 に速さ 30 で 90 度回す

このプログラムだけでは「1回《かい》正方形《せいほうけい》を作《つく》る」で止《と》まってしまうので、繰《く》り返《かえ》し動《うご》くようにしてみましょう。「〇回《かい》繰《く》り返《かえ》す」ブロックを重《かさ》ねて使《つか》うことで、正方形《せいほうけい》を何度《なんど》も作《つく》るプログラムになりました。

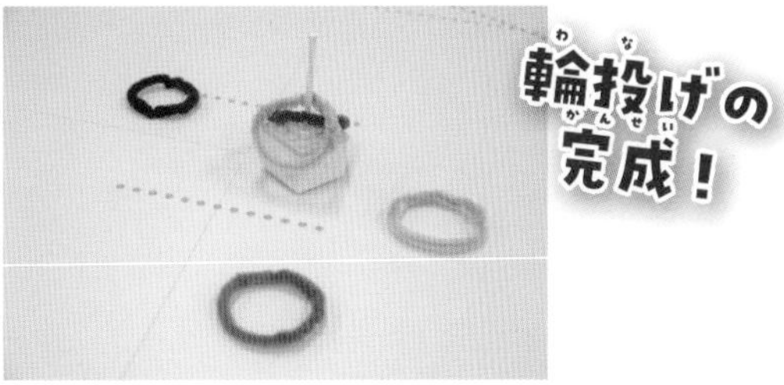
輪《わ》投《な》げの完成《かんせい》！

---

⑤ 他《ほか》の図形《ずけい》も作《つく》ってみよう

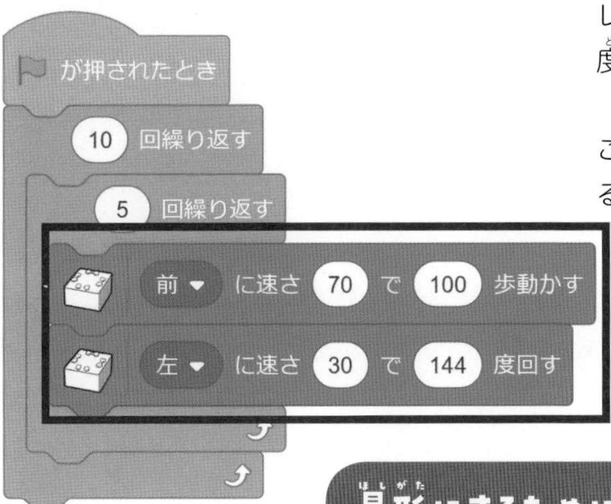
が押されたとき
10 回繰り返す
5 回繰り返す
前 に速さ 70 で 100 歩動かす
左 に速さ 30 で 144 度回す

正方形《せいほうけい》ができたら、今度《こんど》は他《ほか》の図形《ずけい》にもチャレンジしてみましょう。星形《ほしがた》を作《つく》るには、角度《かくど》を何度《なんど》にすればよいか考《かんが》えてみてください。

他《ほか》にも、動《うご》かす歩数《ほすう》や角度《かくど》、回数《かいすう》を変《か》えることで、五角形《ごかくけい》や六角形《ろっかくけい》などの正多角形《せいたかくけい》を作《つく》ることができます。

星形《ほしがた》にするためには、角度《かくど》を「144度《ど》」にして、「5回《かい》繰《く》り返《かえ》す」にしてみよう。
きれいな星形《ほしがた》になるよ！

豆知識　小学校の算数でも、プログラミングで図形を作ります

プログラミングを通じて図形の概念を学ぶ

2020年度から小学校でも始まったプログラミング教育では、教科の中にプログラミングが取り入れられています。小学5年生の算数「図形」の単元では、プログラミングで正方形や六角形などの図形を描く例が教科書にも掲載されています。toioでも同じように、プログラミングで図形を描くことで、内角や外角など、図形の概念を学ぶことができます。

作《つく》ったプログラムで　あそんでみよう！

キューブにブロックをつけてみよう

　プログラミングをする前《まえ》に、まずはキューブの上《うえ》にブロックなどをつけて、輪《わ》を投《な》げやすいような「まと」を作《つく》りましょう。

　ブロック以外《いがい》にも、画用紙《がようし》やわりばしなどを使《つか》って、自分《じぶん》の好《す》きなまとを作《つく》ってみましょう。ただし、あまりつけすぎると重《おも》くなって動《うご》きづらくなってしまうので、どんな形《かたち》や大《おお》きさにしたらよいかも考《かんが》えましょう。「まと」ができたら、いよいよプログラミングにチャレンジします！

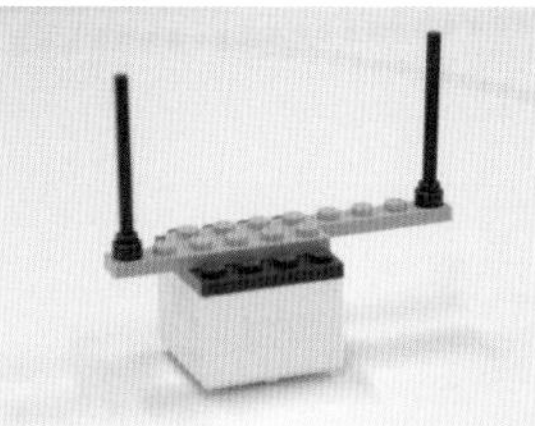

◀キューブの上《うえ》の部分《ぶぶん》には、ブロックが付《つ》くようになっています。家《いえ》にあるブロックを組《く》み合《あ》わせてみましょう。

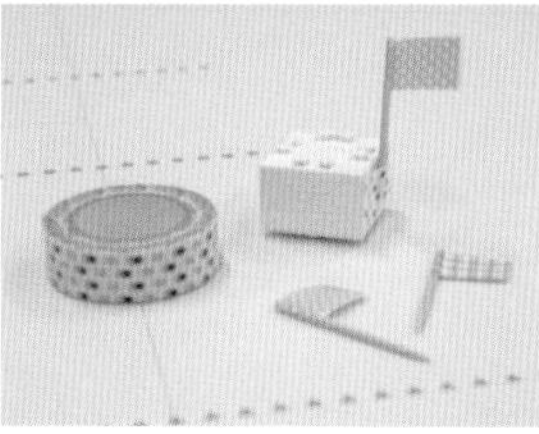

◀画用紙《がようし》で作った「まと」は、セロハンテープや両面《りょうめん》テープで、キューブに直《ちょく》せつはり付《つ》けてもOK。

キューブをセットしてあそんでみよう

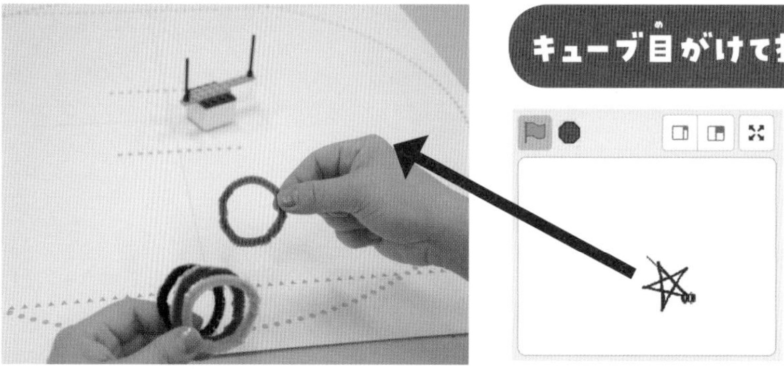

あそびのヒント

「まと」は真《ま》ん中《なか》になくてもいいよ。横《よこ》につけたり、2個《こ》つけてみたりすると、輪《わ》投《な》げのむずかしさも変《か》わってくるよ！

おうようプログラミング

スパイラル図形《ずけい》を作《つく》ってみよう

「変数《へんすう》」を使《つか》ってキューブの動《うご》きを変《か》えてみよう！

ここからは、少《すこ》しむずかしいプログラムにチャレンジします。多角形《たかくけい》をかくことは同《おな》じですが、1辺《ぺん》の長《なが》さを少《すこ》しずつふやしていくと、スパイラル（らせん形《がた》）がえがけるようになります。

❶ 変数《へんすう》を設定《せってい》しよう

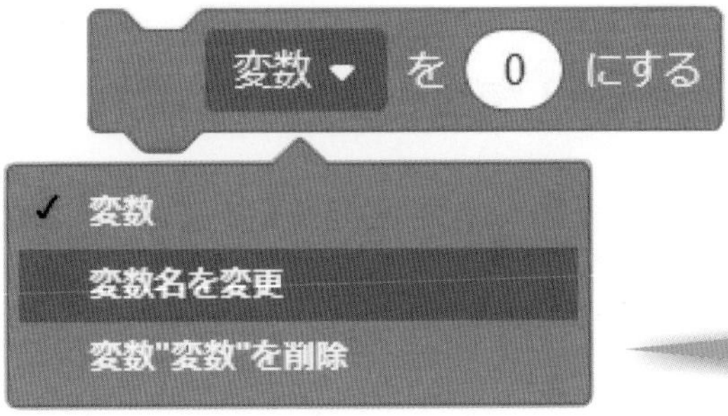

「きほんのプログラミング」ではずっと同《おな》じ大《おお》きさの図形《ずけい》で動《うご》いていました。ここでは、1回《かい》ごとに正方形《せいほうけい》が大《おお》きくなっていくプログラムを作《つく》ります。「変数《へんすう》」を使《つか》って、毎回《まいかい》キューブが動《うご》く距離《きょり》を変《か》えていきます。まず、「変数《へんすう》」メニューから、「変数名《へんすうめい》を変更《へんこう》する」を選《えら》びます。

「変数《へんすう》」はプログラミングに欠《か》かせないブロックです。変数《へんすう》は決《き》まった数《かず》ではなく、変化《へんか》するデータで、好《す》きな名前《なまえ》をつけることができます。ゲームの点数《てんすう》をつけるときなどにも、変数《へんすう》を使《つか》います。

❷ 変数《へんすう》の名前《なまえ》を変更《へんこう》する

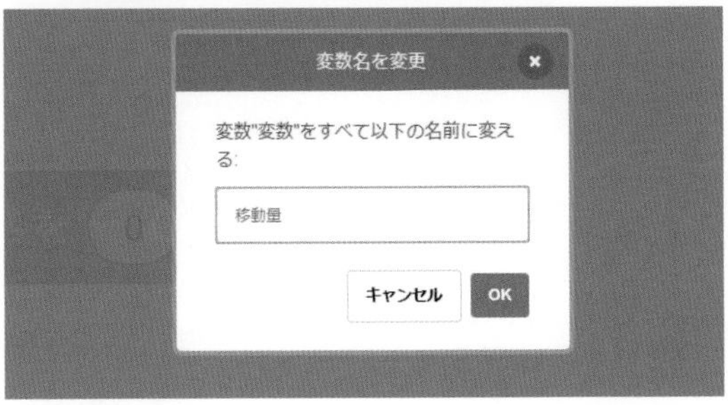

ここでは、キューブがどれだけ動《うご》くかを決《き》める数《かず》としたいので、変数《へんすう》の名前《なまえ》を「移動量《いどうりょう》」（動《うご》く距離《きょり》）とつけます。

ちなみに、変数《へんすう》は自分《じぶん》の好《す》きな名前《なまえ》をつけることができますが、このように変数《へんすう》の名前《なまえ》をわかりやすくしておくと、プログラミングをするときにとても便利《べんり》です。

❸ キューブの移動量《いどうりょう》を決《き》める

キューブの移動量《いどうりょう》を決《き》めます。「変数《へんすう》」メニューにある「移動量《いどうりょう》を〇にする」ブロックを使《つか》いましょう。今回《こんかい》は、正方形《せいほうけい》をだんだん大《おお》きくしていく「スパイラル（らせん）」にしていきたいので、最初《さいしょ》の数字《すうじ》は小《ちい》さめにしておきましょう。ここでは、「20」にしました。

❹ キューブを移動量《いどうりょう》で動《うご》かす

移動量《いどうりょう》が決《き》まったら、「きほんのプログラミング」と同《おな》じように、正方形《せいほうけい》のプログラムを作《つく》ります。ただし、キューブを「〇歩《ほ》動《うご》かす」部分《ぶぶん》には、「変数《へんすう》」メニューにある「移動量《いどうりょう》」ブロックを入《い》れます。これで、「20歩《ぽ》」分《ぶん》だけキューブが動《うご》くようになりました。

⑤ 繰《く》り返《かえ》しを使《つか》って動《うご》く輪投《わな》げにする

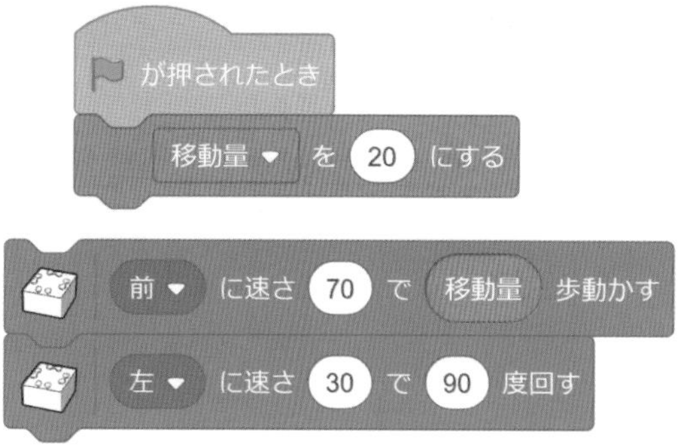

❹までで、キューブを移動量《いどうりょう》で動《うご》くように設定《せってい》できました。

この後《あと》は、「きほんのプログラミング」と同《おな》じように「キューブを90度《ど》回《まわ》す」プログラムを作《つく》って、「移動量《いどうりょう》」のプログラムとつなげます。

⑥ 移動量《いどうりょう》で動《うご》く正方形《せいほうけい》を作《つく》ろう

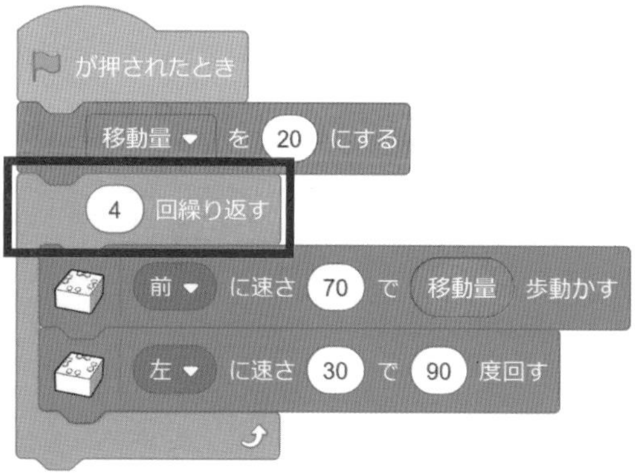

「繰《く》り返《かえ》す」のブロックに、「動《うご》かす」ブロックと「回《まわ》す」ブロックを入《い》れて、4回繰《かいく》り返《かえ》す設定《せってい》にします。

これで正方形《せいほうけい》ができますが、このプログラムでは、「きほんのプログラミング」と同《おな》じように、大《おお》きさが変《か》わりません。そのため、移《い》動量《どうりょう》を変《か》えていく必要《ひつよう》があります。

⑦ 移動量《いどうりょう》をふやすプログラムを作《つく》る

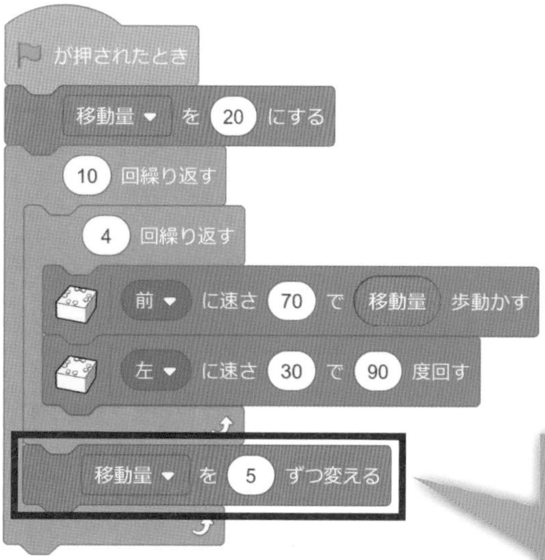

移動量《いどうりょう》をふやすには、「変数《へんすう》」メニューから「移動量《いどうりょう》を○ずつ変《か》える」ブロックを追加《ついか》します。このとき、追加《ついか》する場所《ばしょ》をまちがえないように、「4回繰《かいく》り返《かえ》す」ブロックの下《した》に入《い》れてください。

これで、1回正方形《かいせいほうけい》を作《つく》ると、次《つぎ》に移動量《いどうりょう》が5ずつふえていくので、少《すこ》しずつ大《おお》きくなっていくらせん形《がた》の正方形《せいほうけい》になります。

移動量《いどうりょう》を大《おお》きな数《かず》にすると、それだけ正方形《せいほうけい》も大《おお》きくなります。いろいろな数《かず》を入《い》れて試《ため》してみましょう。ただし、あまり大《おお》きい数《かず》を入《い》れると、マットから落《お》ちてしまいます。

完成《かんせい》したプログラム

きほんのプログラム

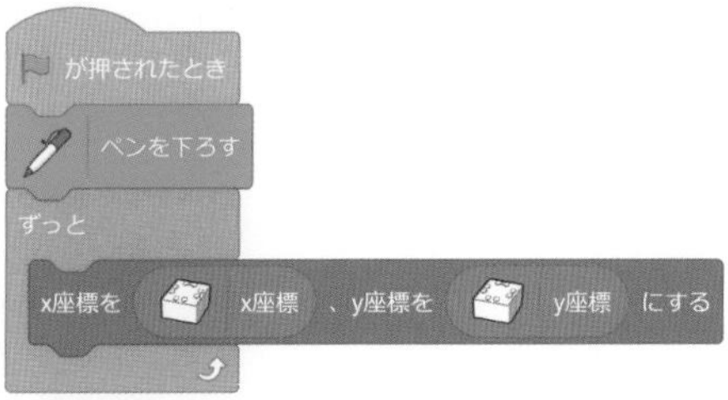

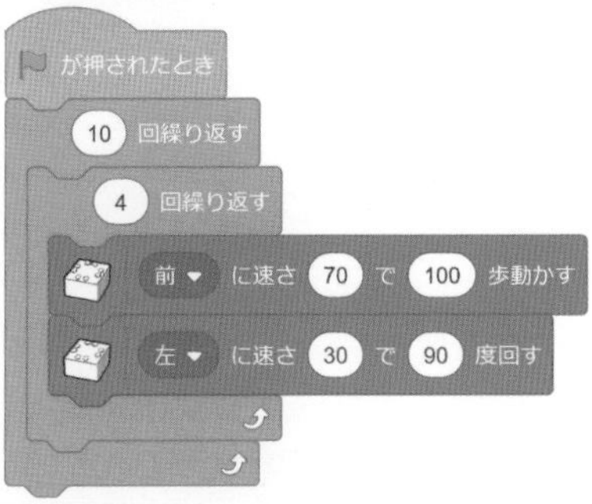

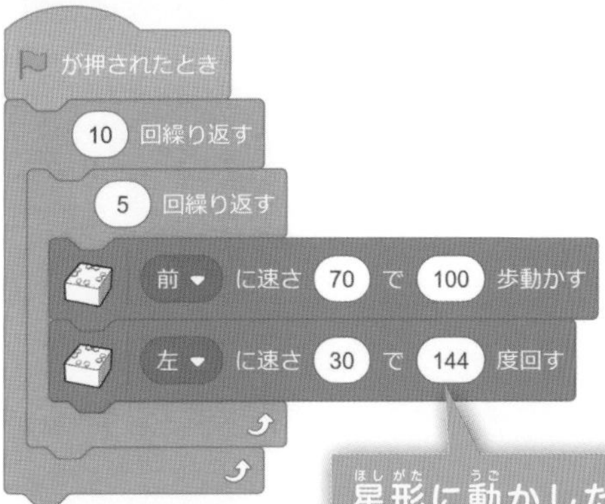

星形《ほしがた》に動《うご》かしたい場合《ばあい》は、後半《こうはん》のプログラムをこのように変《か》えてみよう。

おうようプログラム

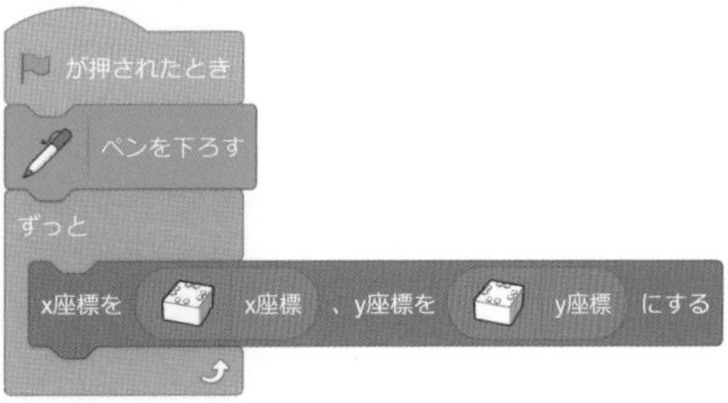

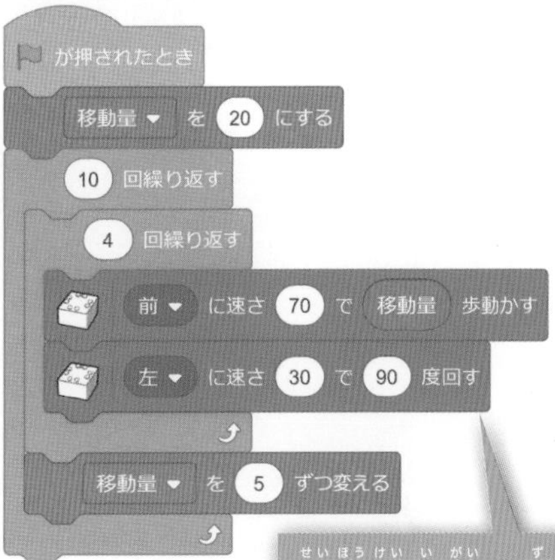

正方形《せいほうけい》以外《いがい》の図形《ずけい》にもチャレンジしてみよう。

まとめ

図形《ずけい》で「動《うご》く輪投《わな》げ」のプログラムは、これで完成《かんせい》です。「速《はや》さを変《か》えたらどうなるのかな？」「角度《かくど》を変《か》えてみよう」「移動量《いどうりょう》をふやしてみよう」など、作《つく》ったプログラムをもとに、いろいろと改造《かいぞう》して、自分《じぶん》だけの輪投《わな》げを作《つく》ってみてください。

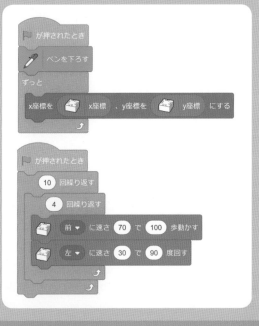

教《おし》えて! toio博士《はかせ》

toioで学《まな》ぶ ロボット工学《こうがく》

第1話 「ロボットプログラミングの世界《せかい》へようこそ」

●ロボットを「自分《じぶん》の分身《ぶんしん》」のように考《かんが》えてみよう

●プログラムをどんどんかいぞうして、少《すこ》しずつちがうことを試《ため》してみよう

●思《おも》いどおりに動《うご》かないときこそ大《だい》チャンス！　大成功《だいせいこう》や大発見《だいはっけん》に近《ちか》づいているかも!?

ロボットプログラミングの楽《たの》しさって？

このコラムでは、toioのブログラミングを通《つう》じて、ロボットプログラミングの楽《たの》しさや、ロボットの世界《せかい》のことをしょうかいします。

この本《ほん》の作例《さくれい》をまねしたりかいぞうしたりしていると、こんな楽《たの》しさを感《かん》じませんか？

・「思《おも》いどおりに動《うご》いてうれしい！！」
・「動《うご》きが面白《おもしろ》い！　わくわくする！」
・「ロボットを自分《じぶん》の“分身《ぶんしん》”に感《かん》じる」

プログラムをどんどんかいぞうすると「ロボットから見《み》た世界《せかい》ってこうなんだ！」と思《おも》えてきます。そして、ロボットがどう動《うご》くのが「一番《いちばん》」なのかがわかってきて、自分《じぶん》の体《からだ》のように自由《じゆう》じざいに動《うご》かせるようになります。自分《じぶん》をロボットに見立《みた》てて自分を動《うご》かすプログラムを作《つく》れば、勉強《べんきょう》や家《いえ》のお手伝《てつだ》いがもっと楽《たの》しくなるかもしれませんね！

作《つく》って、あそんで、ひらめきが生《う》まれる

プログラミングするときにぜひやってほしいことは、作例《さくれい》をかいぞうして少《すこ》しだけちがうことを試《ため》すことと、そこで得《え》た感覚《かんかく》をしっかりいしきすることです。きっと初《はじ》めて感《かん》じる楽《たの》しさが自分《じぶん》の中《なか》にあるはずです。たくさんプログラムを作《つく》って、あそびましょう！

思《おも》いどおり動《うご》かないとき、実《じつ》はそれが一番《いちばん》のチャンス。うっかりまちがえることもあるけれど、知《し》らなかった何《なに》かが起《お》こっているかもしれません。それは失敗《しっぱい》ではなく、大成功《だいせいこう》や大発見《だいはっけん》、大発明《だいはつめい》のもとなのです。ロボットのプログラムは少《すこ》しずつかいぞうして失敗《しっぱい》を気《き》にせず実験《じっけん》できます。何十回《なんじっかい》も試《ため》すうちに、最初《さいしょ》とまったくちがうプログラムができていたら、それはまさに、いつのまにか「ひらめいた」結果《けっか》です。

作例《さくれい》 ❷

むずかしさ

にぎやかな街《まち》を作《つく》ろう！

生活　総合的な学習の時間　クラブ活動

マットの上《うえ》に音《おと》を割《わ》り当《あ》てて にぎやかな街《まち》を作《つく》ってみよう

マットに街《まち》ができたら、キューブはどんな反応《はんのう》をするのかな？

今度《こんど》は、マットの上《うえ》にブロックや人形《にんぎょう》などをならべて自分《じぶん》の街《まち》を作《つく》り、そこで音《おと》がしたり音楽《おんがく》が鳴ったりといった、いろいろなしかけが起《お》きるプログラムを作《つく》ります。そして、「キューブがマットに触《ふ》れているときだけ、はんのうする」プログラムを組《く》み合《あ》わせて、キューブをいろいろな場所《ばしょ》に置《お》いてあそんでみましょう！

音《おと》としかけがいっぱいの街《まち》を作《つく》ろう

作業時間《さぎょうじかん》の目安《めやす》：10〜30分

ぼくが作《つく》った街《まち》をキューブでたんけんだ！最初《さいしょ》に、キューブがマットに触《ふ》れているときに、画面《がめん》の中《なか》のキューブも同《おな》じように動《うご》くプログラムを作《つく》ろう。

キューブのプログラムができたら、街《まち》にしかけも作《つく》りましょう。好《す》きなお店《みせ》を考《かんが》えて、どんな音《おと》を鳴《な》らすか考《かんが》えてみてね。

キューブのモーターを動《うご》かして、犬《いぬ》に近《ちか》づくとキューブがおどろいてにげたりするプログラムも作《つく》ることができるぞ！ここでは、「キューブがマットに触《ふ》れているとき、画面《がめん》のキューブも同時《どうじ》に動《うご》く」と、「特定《とくてい》の場所《ばしょ》に行《い》ったときにしかけを起《お》こす」プログラムを覚《おぼ》えるのだ！

これだけは覚《おぼ》えよう！ よく使《つか》う toioのきほんプログラム

キューブがマットに触《ふ》れている間《あいだ》、画面《がめん》のキューブもどうじに同《おな》じ座標《ざひょう》と向《む》きで動《うご》く

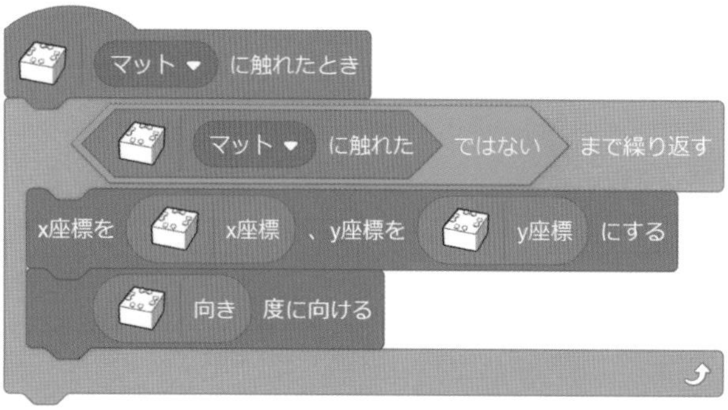
マット ▾ に触れたとき
マット ▾ に触れた ではない まで繰り返す
x座標を x座標 、y座標を y座標 にする
向き 度に向ける

このプログラムは、じっさいのキューブの位置《いち》と向《む》きを、「繰《く》り返《かえ》す」のブロックを使《つか》って、「キューブがマットに触《ふ》れている間《あいだ》」はずっと、画面《がめん》の中《なか》のキューブに反映《はんえい》させています。ポイントは、「キューブがマットに触《ふ》れていない状態《じょうたい》になるまで」という条件《じょうけん》を使《つか》うことです。

toioでは、よく使《つか》う便利《べんり》なプログラムなので、ぜひ覚《おぼ》えてください。

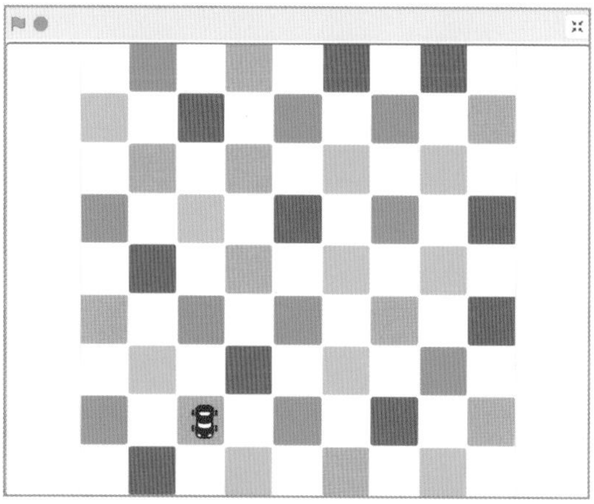

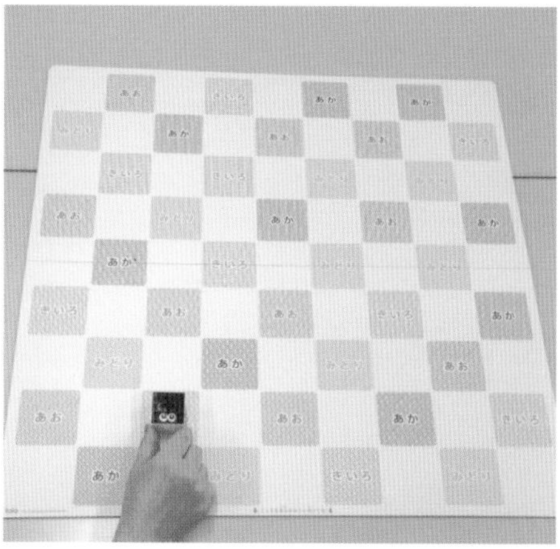

マットに置《お》いたキューブを動《うご》かすと、同《おな》じように画面《がめん》の中《なか》のスプライトが動《うご》くようになるのね！

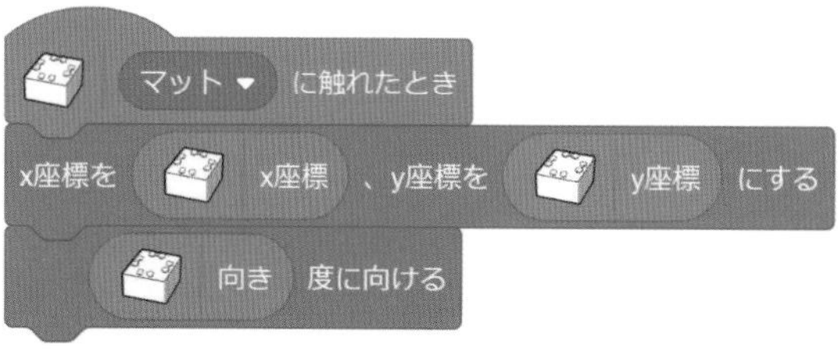
マット ▾ に触れたとき
x座標を x座標 、y座標を y座標 にする
向き 度に向ける

ここに注意《ちゅうい》！

よくあるまちがいは「繰《く》り返《かえ》す」を入《い》れないプログラムです。このプログラムでは、キューブを動《うご》かしても画面《がめん》のキューブが動《うご》き続《つづ》けません。いろいろなプログラムを作《つく》ってどう動《うご》くのか、試《ため》してみてください。

きほんのプログラミング

キューブをマットにはんのうさせよう

「繰《く》り返《かえ》す」と「条件《じょうけん》」のブロックを組《く》み合《あ》わせる

ここでは、「マットの上《うえ》でキューブを動《うご》かすと、画面《がめん》でも同《おな》じように動《うご》く」「マットの特定《とくてい》の場所《ばしょ》にキューブが行《い》くと、声《こえ》や音《おと》がする」というプログラムを作《つく》ります。

❶ キューブとマットのプログラムを作《つく》る

マット ▾
に触れたとき

toioメニューにある「マットに触《ふ》れたとき」のブロックを使《つか》います。このブロックが、プログラムの一番上《いちばんうえ》になります。

❷ キューブの位置《いち》と向《む》きを決《き》める

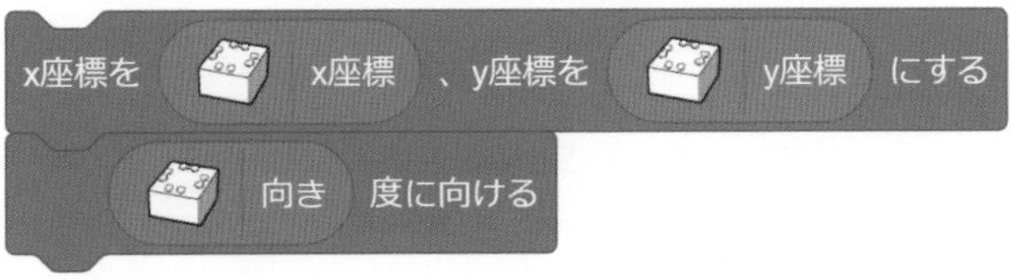
x座標を
x座標
、y座標を
y座標
にする
向き
度に向ける

「作例《さくれい》1」で使《つか》った、位置《いち》と向《む》きのブロックを使《つか》います。さらに、動《うご》きメニューから「〇度《ど》に向《む》ける」という向《む》きのブロックも使《つか》います。

❸「繰《く》り返《かえ》し」と「条件《じょうけん》」を使《つか》う

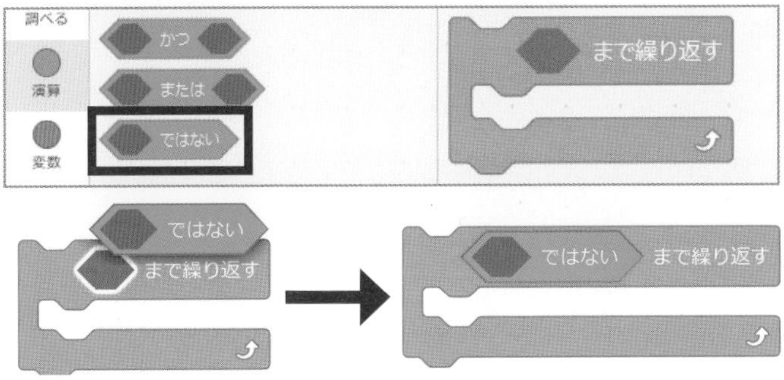
調べる
演算
変数
かつ
または
ではない
まで繰り返す

これだけだと、キューブをマットの上《うえ》で動《うご》かしても、最初《さいしょ》だけしか画面《がめん》のキューブが動《うご》きません。そこで、「繰《く》り返《かえ》す」と「条件《じょうけん》」のブロックを組《く》み合《あ》わせて使《つか》います。制御《せいぎょ》メニューから「～まで繰《く》り返《かえ》す」ブロックを選《えら》びます。

❹「マットに触《ふ》れている間《あいだ》」にする

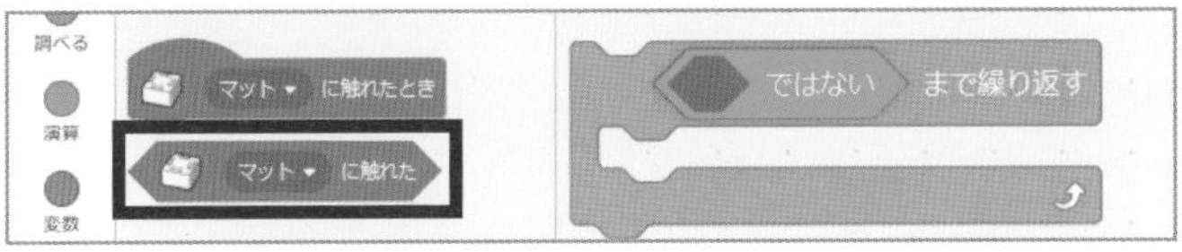
調べる
演算
変数
マット ▾ に触れたとき
マット ▾ に触れた
ではない
まで繰り返す

「マットに触《ふ》れる」と「ではない」というブロックを組《く》み合《あ》わせて「マットに触《ふ》れていない」にします。繰《く》り返《かえ》しブロックと組《く》み合《あ》わせれば、「マットに触《ふ》れていないじょうたいになるまで」つまり「マットに触《ふ》れている間《あいだ》」となります。

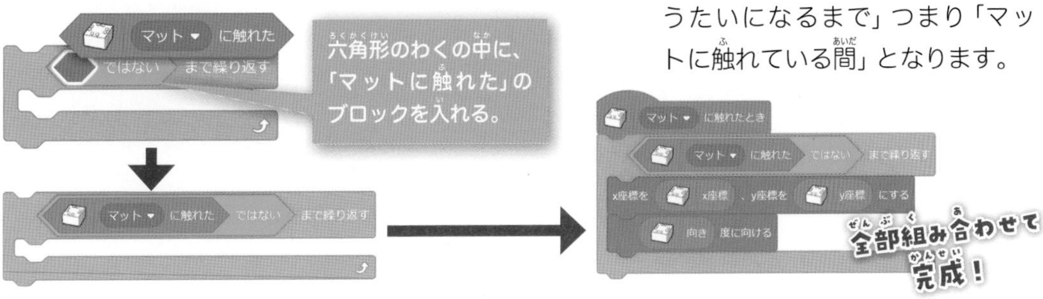
マット ▾ に触れた
ではない
まで繰り返す
六角形《ろくかくけい》のわくの中《なか》に、「マットに触《ふ》れた」のブロックを入《い》れる。
マット ▾ に触れたとき
x座標を
x座標
、y座標を
y座標
にする
向き
度に向ける
全部《ぜんぶ》組《く》み合《あ》わせて
完成《かんせい》!

⑤ スプライトを追加《ついか》する

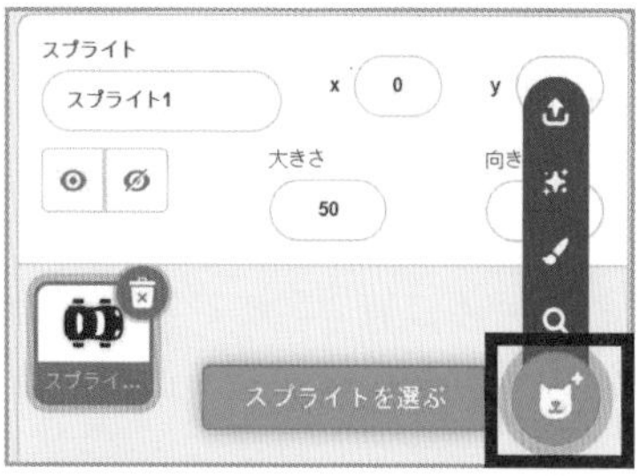

◀スプライトの画面《がめん》にあるネコのマークをクリックすると、下《した》の「スプライトを選《えら》ぶ」画面《がめん》になります。

次《つぎ》に、街《まち》のしかけとして、自分《じぶん》の家《いえ》に行《い》くと「おかえりなさい」と言《い》うプログラムを作《つく》ります。スプライトのサンプルから「家《いえ》」の形《かたち》のスプライトを選《えら》び、画面《がめん》の好《す》きな場所《ばしょ》に置《お》きます。

◀虫《むし》メガネのマークの横《よこ》で「HOME」とうって、「Home Button」という黄色《きいろ》い家《いえ》の絵《え》を選《えら》びます。

画面《がめん》の好《す》きなところに「自分《じぶん》の家《いえ》」を置《お》いてみよう

◀スプライトの名前《なまえ》は変《か》えることができます。家のスプライトは「自分《じぶん》の家《いえ》」という名前《なまえ》にして、選《えら》んだスプライトはわかりやすい名前《なまえ》に変《か》えておきましょう。

---

⑥「キューブに触《ふ》れた」ブロックを使《つか》う

「自分《じぶん》の家《いえ》」のプログラムを作《つく》ります。自分《じぶん》の家《いえ》とキューブが触《ふ》れたときのしかけを作《つく》るため、「もし〜なら」ブロックに「キューブに触《ふ》れた」ブロックを組《く》み合《あ》わせます。

---

⑦ 音声合成《おんせいごうせい》のブロックを追加《ついか》する

「音声合成《おんせいごうせい》」メニューを追加《ついか》

「自分《じぶん》の家《いえ》の場所《ばしょ》にキューブが行《い》ったら、『おかえりなさい』という声《こえ》がする」プログラムを作《つく》ってみましょう。ビジュアルプログラミングでは、「音声合成《おんせいごうせい》」というしくみを使《つか》って、好《す》きなことばをしゃべらせることができます。

まずは、音声合成《おんせいごうせい》のメニューを追加《ついか》します。

❽ しゃべる声《こえ》とセリフを設定《せってい》する

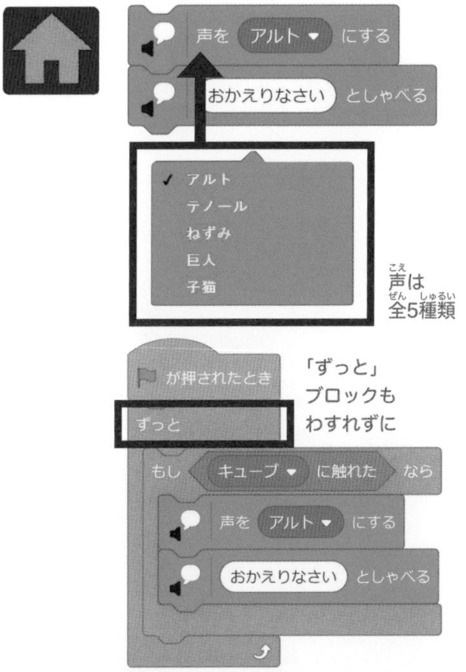
声をアルト▼にする
おかえりなさいとしゃべる
アルト
テノール
ねずみ
巨人
子猫
声《こえ》は全《ぜん》5種類《しゅるい》
が押されたとき
ずっと
「ずっと」ブロックもわすれずに
もし キューブ▼に触れた なら
声をアルト▼にする
おかえりなさいとしゃべる

完成《かんせい》！

音声合成《おんせいごうせい》のメニューから「声《こえ》をアルトにする」と「こんにちはとしゃべる」ブロックを使《つか》います。声《こえ》は、5種類用意《しゅるいようい》されているので、セリフは「おかえりなさい」に書《か》きかえます。

ここで作《つく》った音声合成《おんせいごうせい》のブロックと、❻のブロックを組《く》み合《あ》わせて完成《かんせい》です。

好《す》きな言葉《ことば》をしゃべらせることができるのね！

作《つく》ったプログラムであそんでみよう！

● 街《まち》を作《つく》ってキューブを動《うご》かしてみよう

あそびのヒント 街《まち》の建物《たてもの》は、キューブがぶつかることも考《かんが》えて、重《おも》めに作《つく》っておくと、動《うご》きにくいよ！

街《まち》に置《お》きたい建物《たてもの》を、ブロックや空《あ》き箱《ばこ》で自由《じゆう》に作《つく》ってみましょう。できあがったら、どんなしかけにしたいかも考《かんが》えてみてください。プログラムでしかけを作《つく》ったら、マットの上《うえ》でキューブを動《うご》かしてみましょう。

キューブを家《いえ》の前《まえ》に置《お》いて、「おかえりなさい」って言《い》ったら大成功《だいせいこう》だよ！

おかえりなさい〜

おうようプログラミング

にぎやかな街《まち》のしかけを作《つく》ろう

特定《とくてい》の条件《じょうけん》で動《うご》くしかけを作《つく》る

続《つづ》いて、さらにこったしかけを作《つく》ってみます。
音《おと》だけでなく、特定《とくてい》の場所《ばしょ》に行《い》くとキューブが反応《はんのう》して、特別《とくべつ》な動《うご》きをするプログラムを作《つく》ってみましょう。

❶ 建物《たてもの》や動物《どうぶつ》のしかけをふやす

スプライトを追加《ついか》してしかけを作《つく》ります。ここでは、「ドーナツ」や「バス」「ほえる犬《いぬ》」「こおった池《いけ》」などを増《ふ》やしてみました。

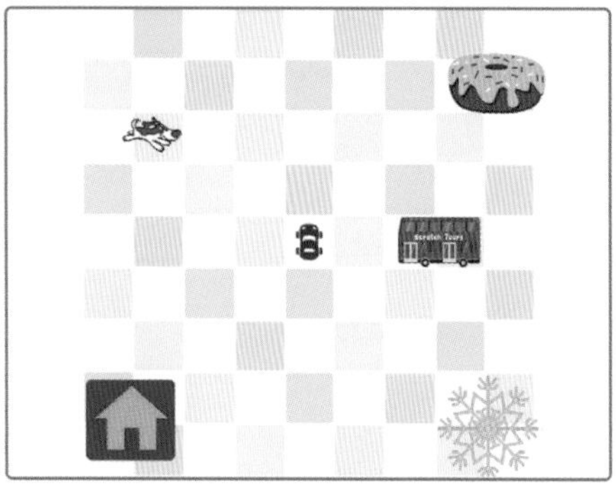

スプライトが大《おお》きいときは、「大《おお》きさ」を30〜70ぐらいに変更《へんこう》してみましょう。

❷ ほえる犬《いぬ》をプログラムする

犬《いぬ》のスプライトを選《えら》び、プログラミングしましょう。「キューブが触《ふ》れたなら、音《おと》を鳴《な》らす」プログラムを作《つく》ります。さらに、キューブがはんのうするプログラムを追加《ついか》します。音《おと》をせっていする方法《ほうほう》は、41ページを参考《さんこう》にしてください。

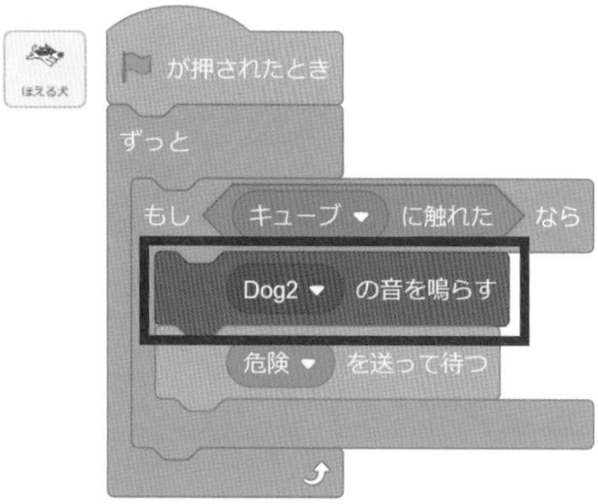

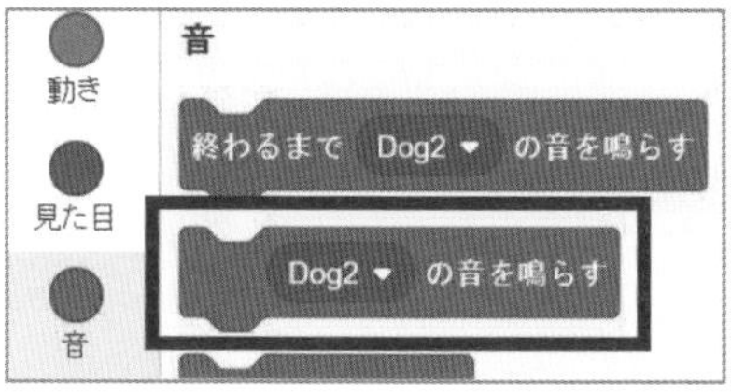

◀好《す》きな音《おと》のブロックを追《つい》加《か》しよう

❸「メッセージを送《おく》って待《ま》つ」ブロック

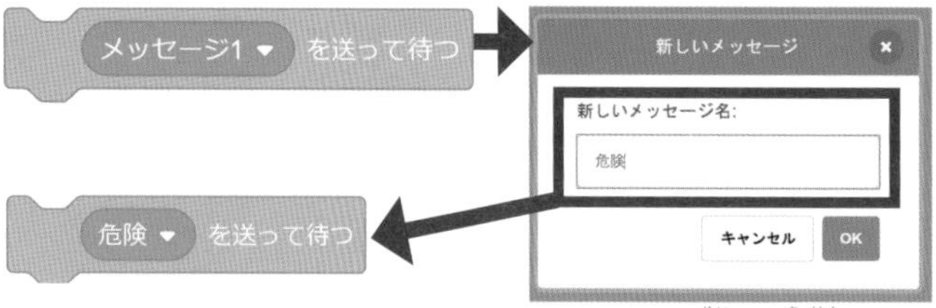

▲メッセージ名《めい》を「危険《きけん》」に

「メッセージを送《おく》る」「メッセージを送《おく》って待《ま》つ」ブロックは、他《ほか》のスプライトに対《たい》して命令《めいれい》ができるブロックです。ここでは、命令《めいれい》をキューブに送《おく》ります。メッセージはいくつも作《つく》ることができるので、名前《なまえ》を変《か》えておくと便利《べんり》です。

❹「危険《きけん》を送《おく》る」ブロックを追加《ついか》する

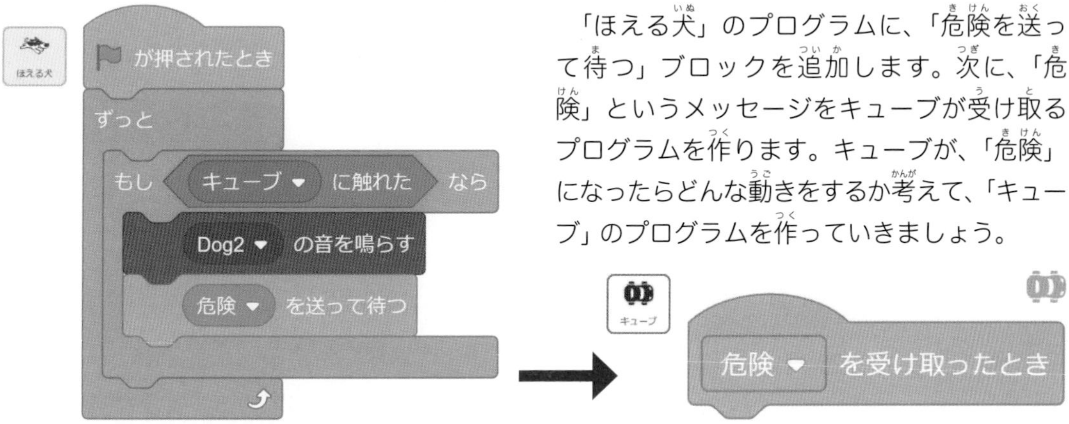

「ほえる犬《いぬ》」のプログラムに、「危険《きけん》を送《おく》って待《ま》つ」ブロックを追加《ついか》します。次《つぎ》に、「危《き》険《けん》」というメッセージをキューブが受《う》け取《と》るプログラムを作《つく》ります。キューブが、「危険《きけん》」になったらどんな動《うご》きをするか考《かんが》えて、「キューブ」のプログラムを作《つく》っていきましょう。

❺ メッセージを受《う》け取《と》るプログラムを作《つく》る

「危険《きけん》」の動《うご》きでは、キューブが犬《いぬ》にびっくりして後《あと》ずさる様子《ようす》を表《あらわ》したかったので、「後《うし》ろに急《いそ》いで動《うご》く」プログラムを作《つく》ることにしました。toioメニューの「後《うし》ろに速《はや》さ100で50歩《ぽ》動《うご》かす」ようにしています。

❻ いろいろなしかけを作《つく》ろう

この「メッセージを送《おく》る」「メッセージを受《う》け取《と》ったとき」のブロックは、キャラクターどうしを会話《かいわ》させるときや、アクションゲームを作《つく》るときなど、いろいろな場面《ばめん》で役立《やくだ》ちます。ここでは「こおった池《いけ》」に来《く》ると、キューブがクルクル回《まわ》るプログラムを作《つく》ってみました。

❼ 画面《がめん》にあわせて街《まち》を作《つく》ろう

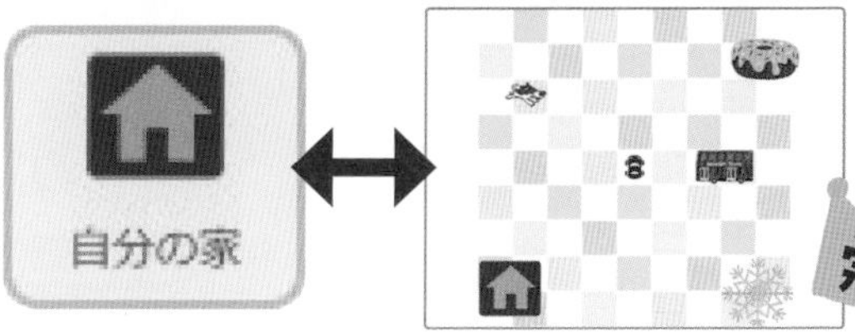

最後《さいご》に、作《つく》った建物《たてもの》をマットの上《うえ》に置《お》いて完成《かんせい》です。このとき、画面《がめん》のマットの絵《え》と同《おな》じ場所《ばしょ》に置《お》きましょう。ずれてしまったら、画面《がめん》を見《み》て置《お》き直《なお》せば、繰《く》り返《かえ》しあそべます。

完成《かんせい》したプログラム

きほんのプログラム

★

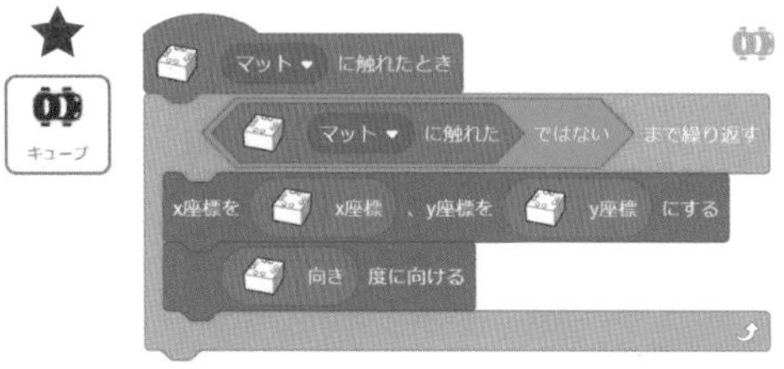

★

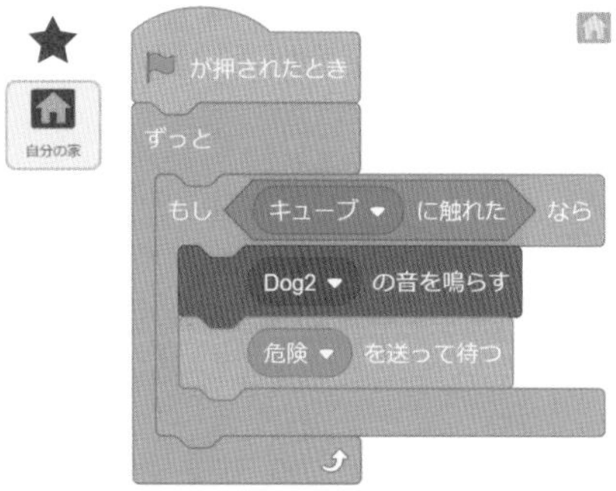

おうようプログラム

きほんのプログラムに追加《ついか》しよう。

★のプログラムは、
おうようでも使《つか》います。

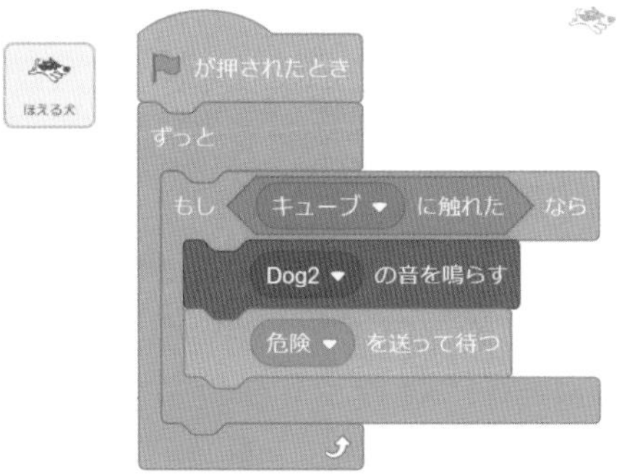

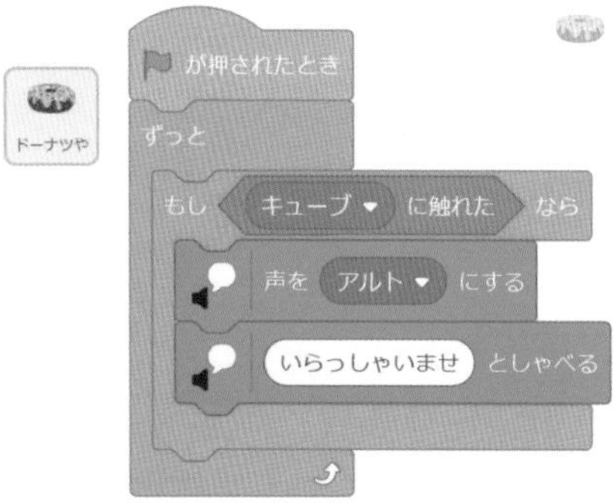

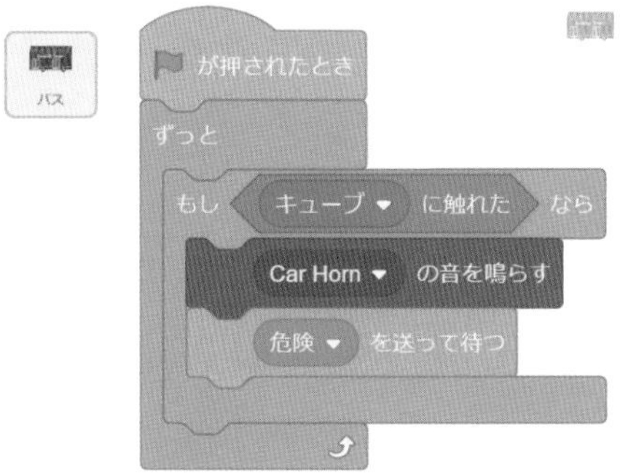

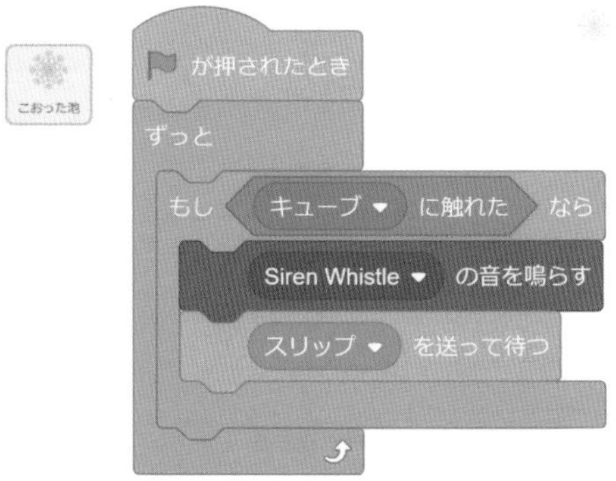

まとめ

「にぎやかな街《まち》を作《つく》ろう！」のプログラムは、これで完成《かんせい》です！ 街《まち》の建物《たてもの》を変《か》えて、新《あたら》しいしかけをいろいろと作《つく》ってみても楽《たの》しいですね。作例《さくれい》❹のキーボードそうさと組《く》み合《あ》わせても楽《たの》しいですよ。

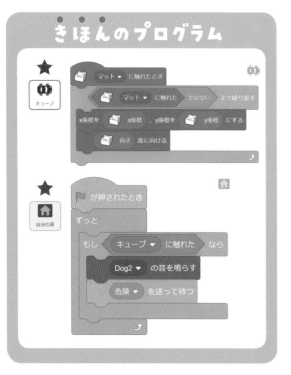

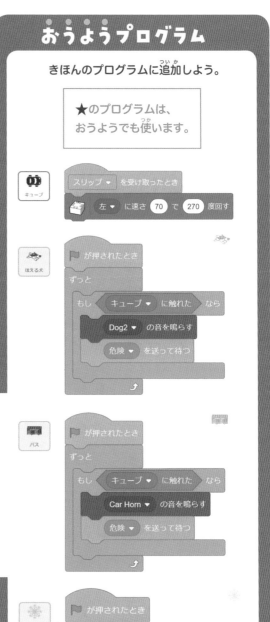

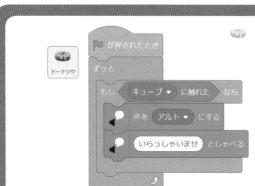

教《おし》えて！toio博士《はかせ》

toioで学《まな》ぶ ロボット工学《こうがく》

第2話

「ロボットの位置《いち》は どうして大事《だいじ》なの？」

- カーナビのように、しゅんじに自分《じぶん》の位置《いち》がわかるとまよわない！
- 自分《じぶん》の位置《いち》と周《まわ》りの関係《かんけい》がわかれば、ゲームやあそびも作《つく》れるよ！
- キューブは1秒《びょう》に何度《なんど》も、数《すう》ミリメートル単位《たんい》で位置《いち》を知《し》ることで正確《せいかく》にキビキビと動《うご》けるよ！

自分《じぶん》の「位置《いち》」がわかることはとっても大事《だいじ》！

キューブは自分《じぶん》の位置《いち》を知《し》るぎじゅつを使《つか》って、とてもキビキビと動《うご》きます。これは、人間《にんげん》やクルマのカーナビが「GPS」という位置《いち》をそくていできる技術《ぎじゅつ》を使《つか》い、自分《じぶん》の行《い》きたい場所《ばしょ》を入《い》れるとそこまでの道《みち》のりを案内《あんない》してくれることににています。

では、もしキューブに「位置《いち》を知《し》る」という機能《きのう》がなければどうなるでしょうか。行《い》きたいところに行《い》くには、車輪《しゃりん》を少《すこ》しずつ回《まわ》し、何《なん》cm進《すす》み、何度《なんど》曲《ま》がって、という動作《どうさ》を細《こま》かくくり返《かえ》す必要《ひつよう》があります。人間《にんげん》でいえば、目《め》をつぶったまま歩《ある》くのとにています。歩《ある》いているうちに歩数《ほすう》や角度《かくど》がずれてしまい、まったくちがう方向《ほうこう》に向《む》かってしまいますし、キビキビとした動《うご》きもむずかしくなります。

toioは「位置《いち》」を使《つか》ってゲームやあそびをじつげんしているよ！

ロボットがまよわず動《うご》くには、人《ひと》と同《おな》じようにできるだけ細《こま》かく定期的《ていきてき》に位置《いち》を教《おし》えてくれる目印《めじるし》をかくにんしながら、周《まわ》りとの正確《せいかく》な位《い》置関係《ちかんけい》を知《し》る必要《ひつよう》があります。toioはこれを1秒《びょう》に何度《なんど》も、数《すう》mm単位《たんい》でかくにんしているのでとても正確《せいかく》に動《うご》くことができます。

キューブを動《うご》かしているプログラムではこの「位置《いち》」を「座標《ざひょう》」という、たくさんの位置《いち》を同《どう》時《じ》にまとめてあつかうじょうほうに変《か》えて使《つか》っています。こうすることで、2台《だい》のキューブの位置関係《いちかんけい》を知《し》ったり、マットの特定《とくてい》の場所《ばしょ》で様々《さまざま》なことが起《お》こるゲームのようなあそびを作《つく》ったりすることができます。この本《ほん》であつかうビジュアルプログラミングでも「座標《ざひょう》」が出《で》てくるので、注目《ちゅうもく》してみましょう。

作例《さくれい》③

むずかしさ

toioで楽器《がっき》を作《つく》ろう！

音楽

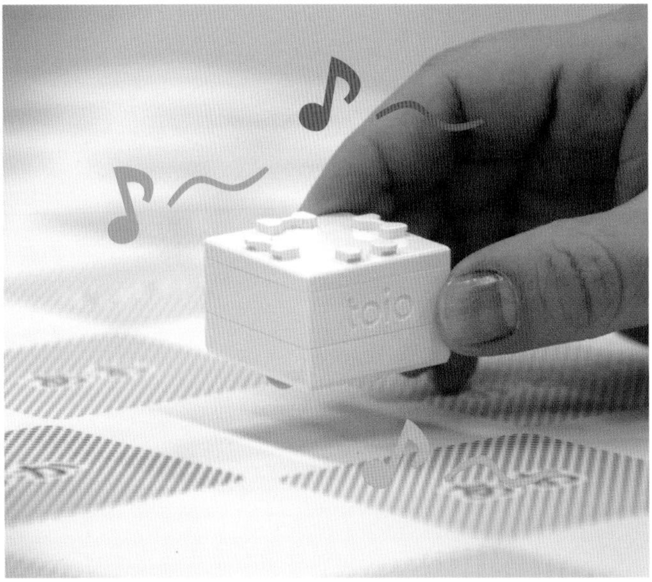

キューブがピアノやドラムに大変身《だいへんしん》！

　このプログラムではピアノやシンバル、ドラムなど、toioのキューブがいろいろな楽器《がっき》の音《おと》をかなでる楽器《がっき》に変身《へんしん》します。楽器《がっき》をえんそうしたことがなくても、toioならキューブでマットにタッチするだけで、本物《ほんもの》さながらの音《おと》を出《だ》すことができます。キューブとマットを使《つか》って、好《す》きな楽器《がっき》の音色《ねいろ》で、自由《じゆう》にえんそうしてみましょう！

条件分岐《じょうけんぶんき》で楽器《がっき》ができる！

作業時間《さぎょうじかん》の目安《めやす》：10〜40分

ドレミファソ〜♪
toioがピアノになったよ〜
タッチするだけでえんそうできちゃうの

じゃあ、ぼくはドラムセットにしてみよう！
シンバルやいろんな楽器《がっき》を入《い》れて、マットで
4種類《しゅるい》のドラムの音《おと》を鳴《な》らすぞ！

マットのマス目《め》を利用《りよう》して、いろいろな楽器《がっき》や
音階《おんかい》を鳴《な》らすプログラムにチャレンジだ！ そして、
プログラミングでとても大切《たいせつ》な「条件分岐《じょうけんぶんき》」と
「変数《へんすう》」も覚えよう！

これだけは覚《おぼ》えよう！ よく使《つか》う toioのきほんプログラム

マットの「マスの列番号《れつばんごう》」と「マスの行番号《ぎょうばんごう》」ブロック

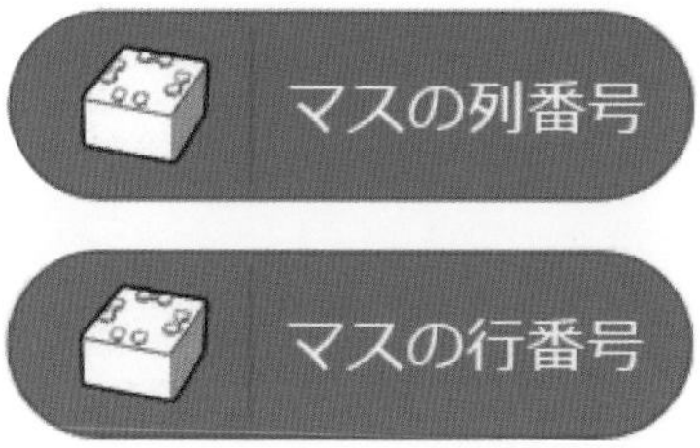

toioのプログラミングでは、細《こま》かい場所《ばしょ》を指定《してい》したい場合《ばあい》は「座標《ざひょう》」を使《つか》いますが、だいたいの位置《いち》でよい場合《ばあい》は、プレイマットの「マス目《め》」を使《つか》ったほうが簡単《かんたん》で便利《べんり》です。マス目《め》をうまく使《つか》えば、今回《こんかい》のような楽器《がっき》だけでなく、「すごろく」のようなボードゲームも作《つく》ることができますよ。

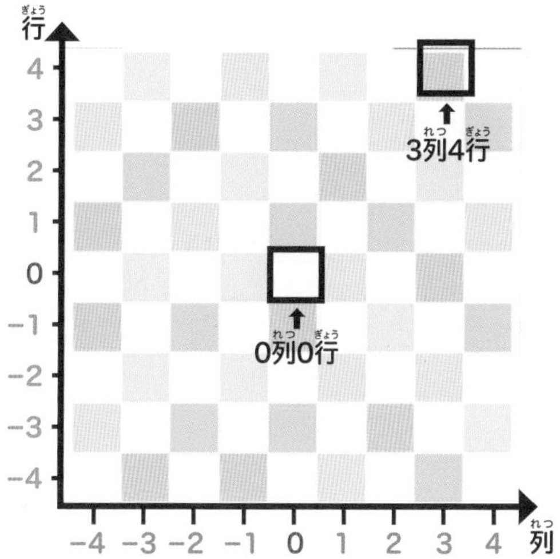

使《つか》い方《かた》としては、演算《えんざん》メニューにあるブロックと組《く》み合《あ》わせることが多《おお》いです。

---

toioのマットを使《つか》いこなそう

トイオ・コレクションのマット

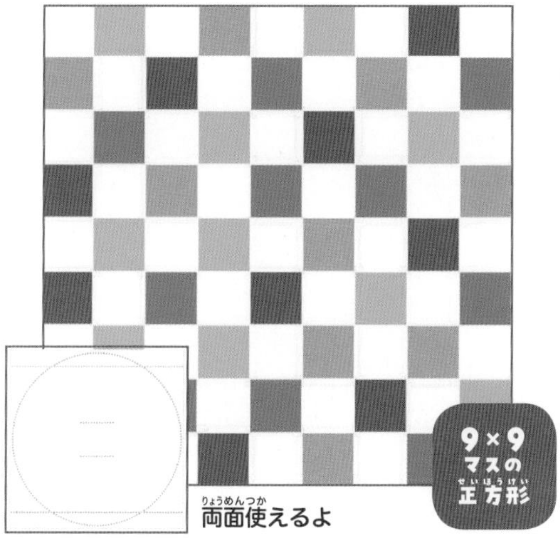

toioのビジュアルプログラミングで使《つか》えるマットは2種類《しゅるい》。『トイオ・コレクション』のマットと、『コア キューブ（単体《たんたい》）』付《ふ》ぞくしている「簡易《かんい》プレイマット」です。この本《ほん》では、両方《りょうほう》のマットを使《つか》って説明《せつめい》します。

簡易《かんい》プレイマット

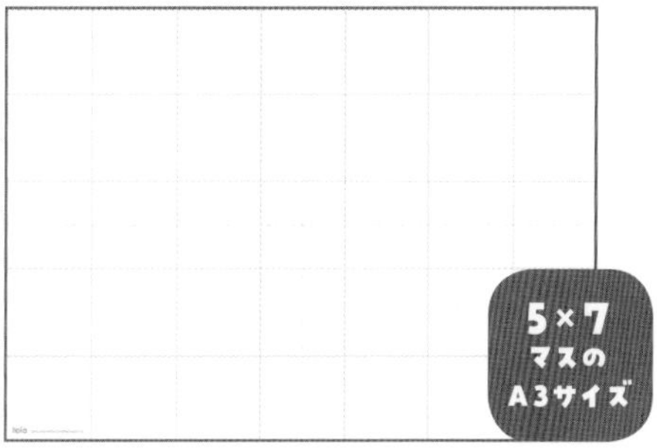

ドラムセットを作《つく》ってみよう

マットの場所《ばしょ》で音《おと》が変《か》わる！

ここでは、「マットの上《うえ》でキューブを動《うご》かすと、画面《がめん》でも同《おな》じように動《うご》く」「マットの特定《とくてい》の場所《ばしょ》にキューブが触《ふ》れると、楽器《がっき》の音《おと》がする」というプログラムを作《つく》ります。

❶ キューブでかんたんな楽器《がっき》を作《つく》る

マット ▼ に触れたとき
Crash Cymbal ▼ の音を鳴らす
完成《かんせい》！

いろんな楽器《がっき》の音《おと》があるよ
(音《おと》のせっていは41ページを見《み》てね)

toioメニューの「マットに触《ふ》れたとき」ブロックのあとに、音《おと》メニューの「〇〇の音《おと》を鳴《な》らす」ブロックをつけます。これで、キューブがマットに触《ふ》れると、指定《してい》した音《おと》が出《で》るようになります。これだけで最《もっと》もかんたんな楽器《がっき》の完成《かんせい》です！

❷ いくつもの楽器《がっき》を鳴《な》らすため条件《じょうけん》を分《わ》ける

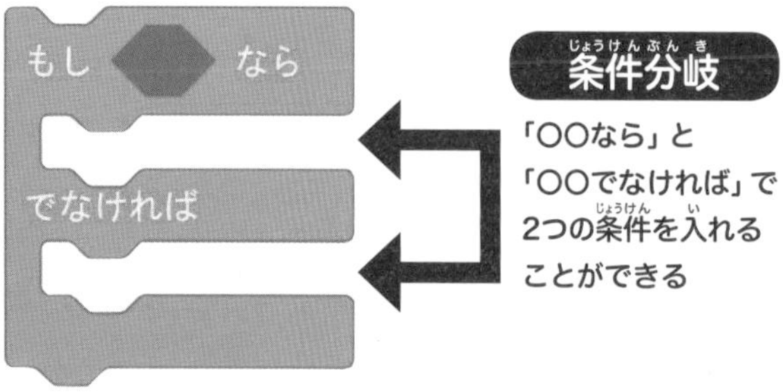

もし なら
でなければ
条件分岐《じょうけんぶんき》
「〇〇なら」と
「〇〇でなければ」で
2つの条件《じょうけん》を入《い》れる
ことができる

次《つぎ》に2つ以上《いじょう》の楽器《がっき》を鳴《な》らすことができるプログラムを作《つく》ってみましょう。❶では、マットのどこに触《ふ》れても同《おな》じ音《おと》が出《で》ましたが、マットの左半分《ひだりはんぶん》と右半分《みぎはんぶん》で音色《ねいろ》が変《か》わるようにしてみましょう。制御《せいぎょ》メニューの「もし～なら、～でなければ」ブロックを使《つか》います。

❸ 条件《じょうけん》を考《かんが》えてみよう

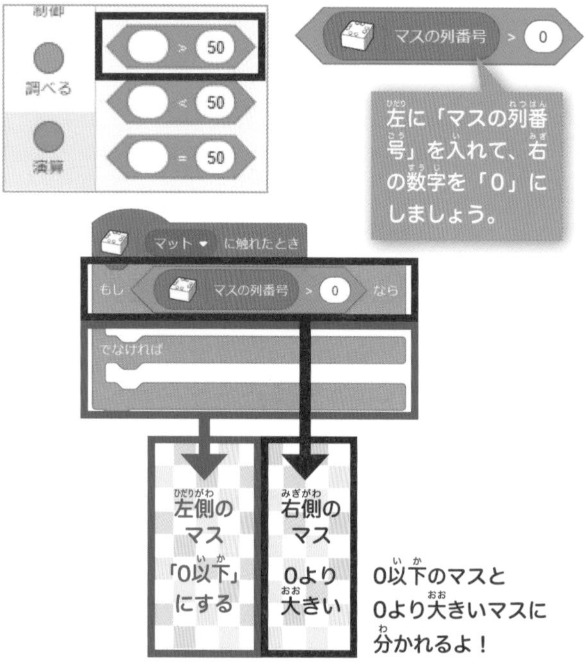

制御
調べる
演算
> 50
< 50
= 50
マスの列番号 > 0
左《ひだり》に「マスの列番《れつばん》号《ごう》」を入《い》れて、右《みぎ》の数字《すうじ》を「0」にしましょう。
マット ▼ に触れたとき
もし マスの列番号 > 0 なら
でなければ
左側《ひだりがわ》のマス
「0以下《いか》」にする
右側《みぎがわ》のマス
0より大《おお》きい

0以下《いか》のマスと
0より大《おお》きいマスに
分《わ》かれるよ！

マットの左《ひだり》と右《みぎ》で分《わ》けるためには、どうすればよいでしょうか？　ここで「マスの列番号《れつばんごう》」ブロックを使《つか》います。列番号《れつばんごう》は0を真《ま》ん中《なか》として、0より小《ちい》さい数《かず》が左側《ひだりがわ》、大《おお》きい数《かず》が右側《みぎがわ》になっています。「不等式《ふとうしき》」ブロックを使《つか》い、「0以上《いじょう》のマス」と「0より小《ちい》さいマス」で分《わ》けてみます。条件《じょうけん》ができたら「音《おと》を鳴《な》らす」ブロックを入《い》れ、それぞれ好《す》きな音《おと》をせっていしてみましょう。これで完成《かんせい》です。

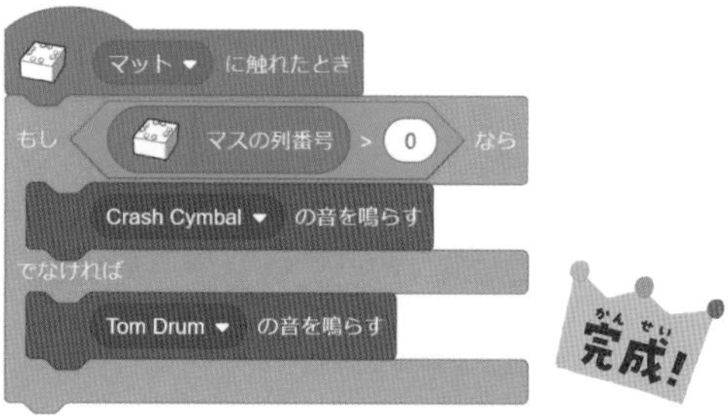

マット ▼ に触れたとき
もし マスの列番号 > 0 なら
Crash Cymbal ▼ の音を鳴らす
でなければ
Tom Drum ▼ の音を鳴らす
完成《かんせい》！

❹ マットを4つに分《わ》けてみよう

もし
マスの列番号
0
なら
Crash Cymbal
の音を鳴らす
でなければ
Tom Drum
の音を鳴らす

今度《こんど》はマットを左右《さゆう》だけでなく、上下《じょうげ》にも分《わ》けて、全部《ぜんぶ》で4つに分《わ》けましょう。まずは、❸と同《おな》じように左右《さゆう》で分《わ》けたプログラムを作《つく》ります。今回《こんかい》は、シンバルと3つのドラムの音《おと》を鳴《な》らすことができるドラムセットを作《つく》るため、ここでは「Crash Cymbal」と「Tom Drum」の音《おと》をせっていします。

❺ ドラムセットの音《おと》をせっていする

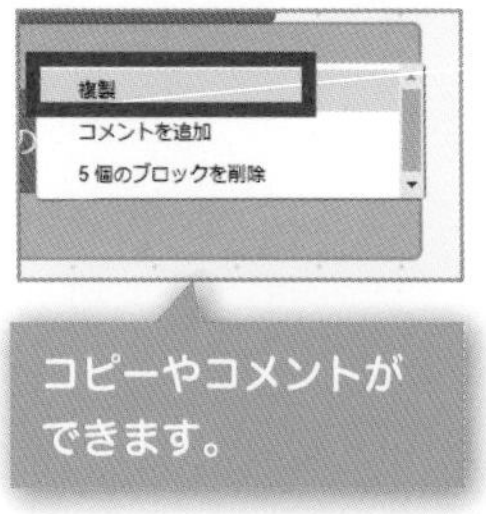
複製
コメントを追加
5 個のブロックを削除
コピーやコメントができます。

もし
マスの列番号
0
なら
Snare Drum
の音を鳴らす
でなければ
Kick Drum
の音を鳴らす

❹と同《おな》じプログラムをもう1つ作《つく》ります。ちなみに、同《おな》じプログラムをたくさん作《つく》るときは、元《もと》のプログラムを右《みぎ》クリックして「複製《ふくせい》」を選《えら》ぶとコピーができます。コピーしたら、音《おと》を「Snare Drum」と「Kick Drum」に変《か》えておきます。

❻ 4つの音《おと》の条件《じょうけん》をせっていする

もし
マスの行番号
0
なら
❹
もし
マスの列番号
0
なら
Crash Cymbal
の音を鳴らす
でなければ
Tom Drum
の音を鳴らす
でない

上下左右《じょうげさゆう》の4つに分《わ》けるため「もし〜なら、〜でなければ」の条件分岐《じょうけんぶんき》のブロックを使《つか》います。そして、最初《さいしょ》の条件《じょうけん》に「マスの行番号《ぎょうばんごう》」と「不等式《ふとうしき》」ブロックを入《い》れます。次《つぎ》に、上《うえ》に❹、下《した》に❺のプログラムを入《い》れましょう。これで、ドラムセットの完成《かんせい》です！

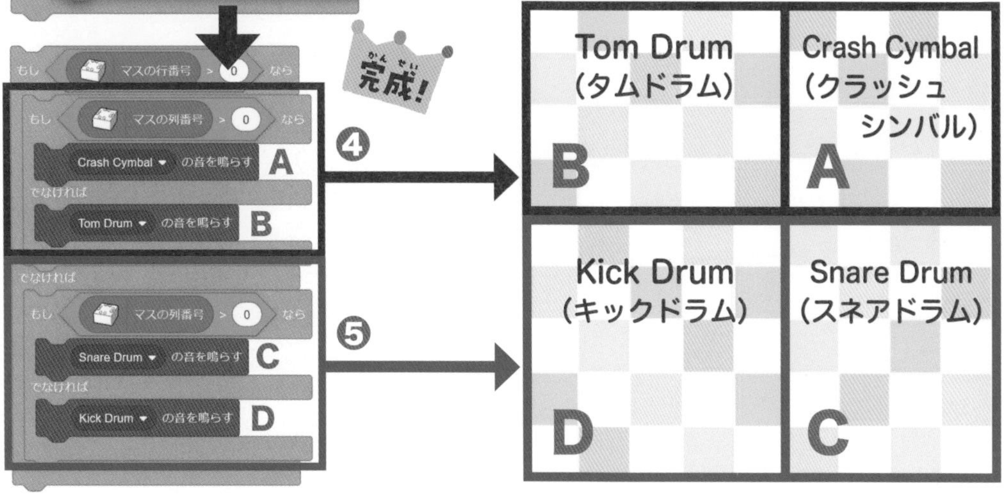
完成《かんせい》！
もし
マスの行番号
0
なら
もし
マスの列番号
0
なら
Crash Cymbal
の音を鳴らす
A
でなければ
Tom Drum
の音を鳴らす
B
❹
でなければ
もし
マスの列番号
0
なら
Snare Drum
の音を鳴らす
C
でなければ
Kick Drum
の音を鳴らす
D
❺
Tom Drum
（タムドラム）
B
Crash Cymbal
（クラッシュ
シンバル）
A
Kick Drum
（キックドラム）
D
Snare Drum
（スネアドラム）
C

作《つく》ったプログラムで　あそんでみよう！

キューブでえんそうしてみよう

キューブで作《つく》った楽器《がっき》の遊《あそ》び方《かた》にルールはありません。いろいろな楽器《がっき》の音《おと》をせっていして、音《おと》の違《ちが》いを楽《たの》しんでみてください。

あそびのヒント

ドラムセットだけじゃなく
好《す》きな楽器《がっき》を組《く》み合《あ》わせて、
自分《じぶん》だけの楽器《がっき》を作《つく》ってみよう！

クイズやゲームにしてあそんでみよう

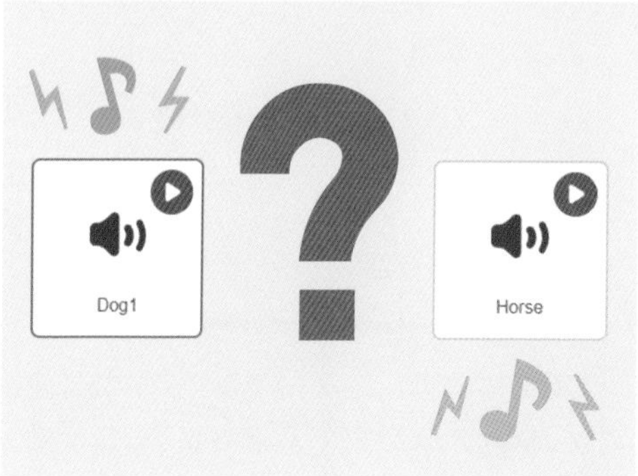

このプログラムで楽《たの》しめるのは、楽器《がっき》のえんそうだけではありません。お友《とも》だちや家族《かぞく》といっしょに、「音《おと》あてクイズ」もできますよ。「音《おと》あてクイズ」は、一人《ひとり》がキューブで音《おと》を出《だ》して、もう一人《ひとり》が何《なん》の音《おと》かをあてます。あたったら、交代《こうたい》して楽《たの》しみましょう。

えんそうをスマホで
録音《ろくおん》しておくのも
おすすめよ

おうようプログラミング

音階《おんかい》を鳴《な》らせる楽器《がっき》を作《つく》ろう

さらに楽器《がっき》らしいプログラムをめざそう!

ここでは、マットの上《うえ》でキューブを動《うご》かすと音階《おんかい》が鳴《な》る楽器《がっき》を作《つく》ってみましょう。ピアノだけでなく、ギターやサックスなど、いろいろな楽器《がっき》を作《つく》ってえんそうしてみるのもよいでしょう。

❶ プログラムに音《おと》をせっていする

最初《さいしょ》に、音階《おんかい》を鳴《な》らすかんたんなプログラムからチャレンジしてみましょう。まず、ビジュアルプログラミングの左上《ひだりうえ》のメニューから「音《おと》」を選《えら》びます。「音符《おんぷ》」から、「C Piano」「E Piano」「F Piano」「G Piano」「B Piano」「C2 Piano」の5つを選《えら》びます。

toio
ファイル
編集
コード
コスチューム
音
動き
10 歩動かす

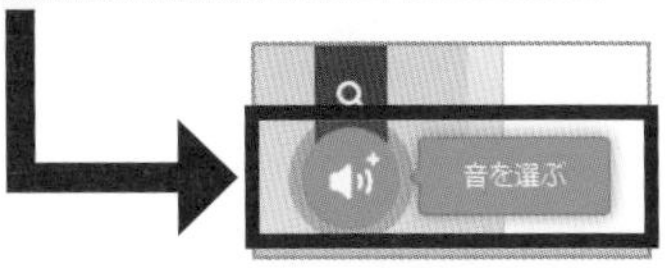
音を選ぶ

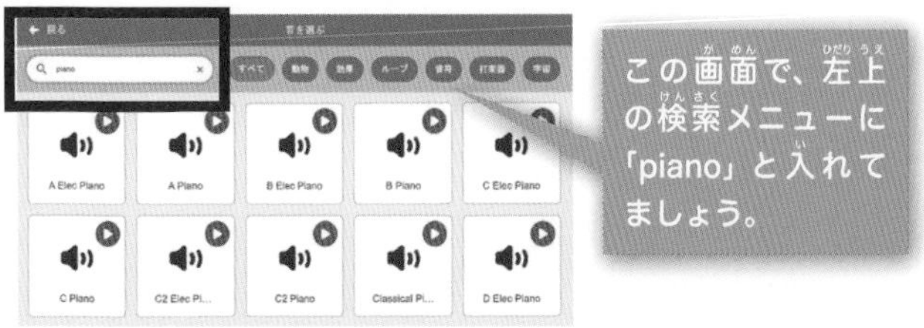
A Elec Piano
A Piano
B Elec Piano
B Piano
C Elec Piano
C Piano
C2 Elec Pi...
C2 Piano
Classical Pi...
D Elec Piano
この画面《がめん》で、左上《ひだりうえ》の検索《けんさく》メニューに「piano」と入《い》れてましょう。

❷ ピアノの音符《おんぷ》を順《じゅん》にならべる

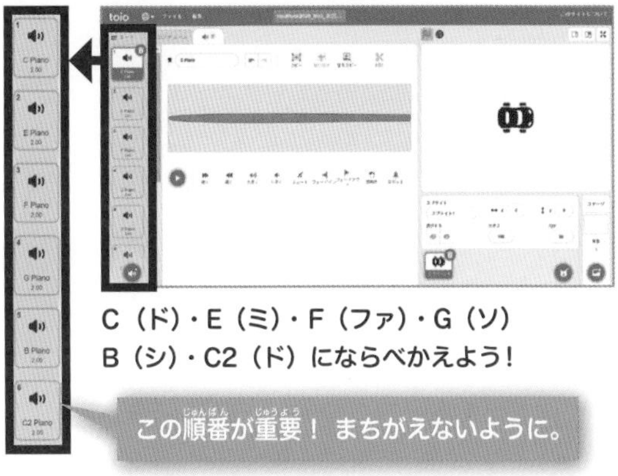
C Piano
E Piano
F Piano
G Piano
B Piano
C2 Piano
この順番《じゅんばん》が重要《じゅうよう》! まちがえないように。

C(ド)・E(ミ)・F(ファ)・G(ソ)
B(シ)・C2(ド)にならべかえよう!

これらの音《おと》は「ド・ミ・ファ・ソ・シ・ド」の『琉球音階《りゅうきゅうおんかい》』と呼《よ》ばれる5種類《しゅるい》の音《おと》からなる音階です。そこで、音《おと》を「C、E、F、G、B、C2」の順番《じゅんばん》になるようにならべます。ビジュアルプログラミングでは、音名《おんめい》がアルファベットになっていてわかりづらいので、下《した》の図《ず》を参考《さんこう》にしてください。

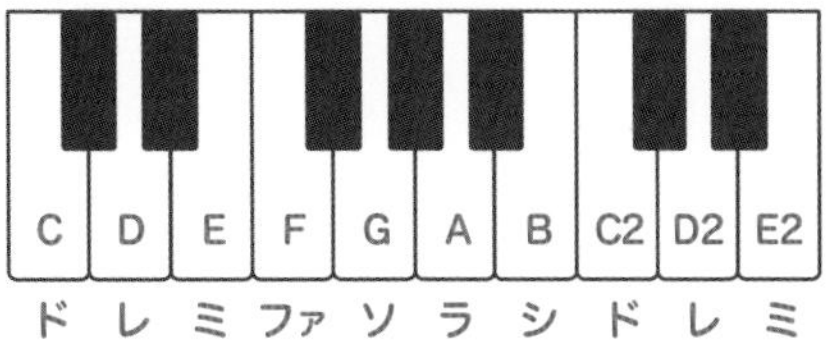
C D E F G A B C2 D2 E2
ド レ ミ ファ ソ ラ シ ド レ ミ

❸ マットに触《ふ》れたときのプログラムを作《つく》る

マスの列番号 + 5 の音を鳴らす

1
C Piano
2.00

「マスの列番号《れつばんごう》+5」が、音《おと》の順番《じゅんばん》の番号《ばんごう》にたいおうします。マスの列番号《れつばんごう》が「−4」なら「−4+5」で「1」になります

ド	ミ	ファ	ソ	シ	ド			
−4	−3	−2	−1	0	1	2	3	4

音《おと》がせっていできたら、「マットに触《ふ》れたとき」と「〇の音《おと》を鳴《な》らす」ブロックをつけます。マス目《め》と音《おと》をたいおうさせるためには、「マスの列番号《れつばんごう》」に「+5」をつけます。これで、琉球音階《りゅうきゅうおんかい》6音《おん》を鳴《な》らす楽器《がっき》の完成《かんせい》です。

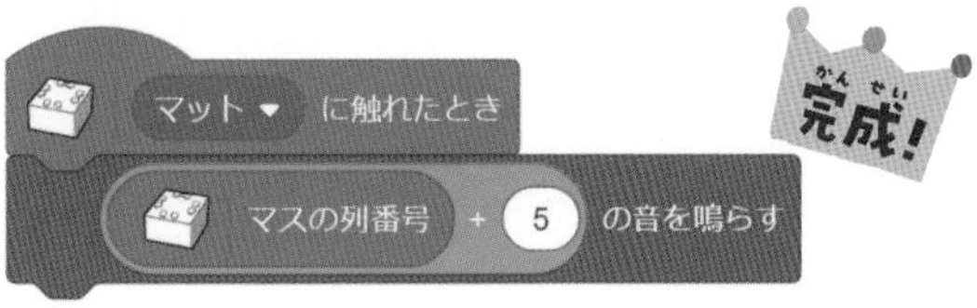
マット ▾ に触れたとき
マスの列番号 + 5 の音を鳴らす
完成《かんせい》!

❹ キューブを横《よこ》にすべらせて音《おと》を変《か》える

❸のプログラムでは、音《おと》を変《か》えるのに、毎回《まいかい》マットに触《ふ》れる必要《ひつよう》があるため、マットに置《お》いたまま、横《よこ》にすべらせるだけで音《おと》を変《か》えられるようにします。「マットに触《ふ》れている間《あいだ》」だけのプログラムを作《つく》りましょう。

❺「列《れつ》」の変数《へんすう》を作《つく》る

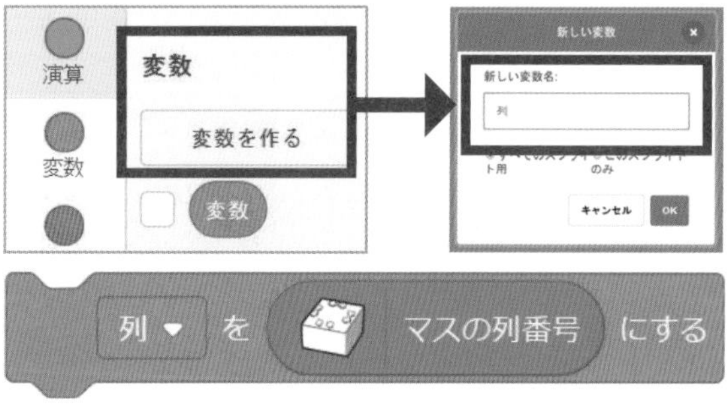

まず、変数《へんすう》メニューから「変数《へんすう》を作《つく》る」を選《えら》び、「列《れつ》」という名前《なまえ》をつけます。変数《へんすう》は、自分《じぶん》で好《す》きな名前《なまえ》を決《き》めて、プログラムに入《い》れることができる便利《べんり》なものです。変数《へんすう》「列《れつ》」を作《つく》ったら、変数《へんすう》メニューにある「列《れつ》を～にする」ブロックで、「列《れつ》＝キューブが今《いま》いる列《れつ》の番号《ばんごう》」にせっていします。

❻ ちがう列《れつ》では別《べつ》の音《おと》を鳴《な》らす

キューブが列《れつ》をいどうしたら、
その列《れつ》の音《おと》を鳴《な》らすせっていを追加《ついか》しよう

「キューブが別《べつ》の列《れつ》にいどうしたとき、その列《れつ》の音《おと》を鳴《な》らす」せっていにします。

「もし～なら」ブロックを使《つか》い、キューブが別《べつ》の列《れつ》にいどうしたとき、「その列《れつ》の音《おと》を鳴《な》らす」ブロックをつけます。❺で作《つく》った列《れつ》のブロックを入《い》れて、❹のプログラムに追加《ついか》します。これで、「キューブがマットに触《ふ》れているかぎり、連続《れんぞく》で繰《く》り返《かえ》す」プログラムができました。

❼ ❸のプログラムと合体《がったい》させて完成《かんせい》

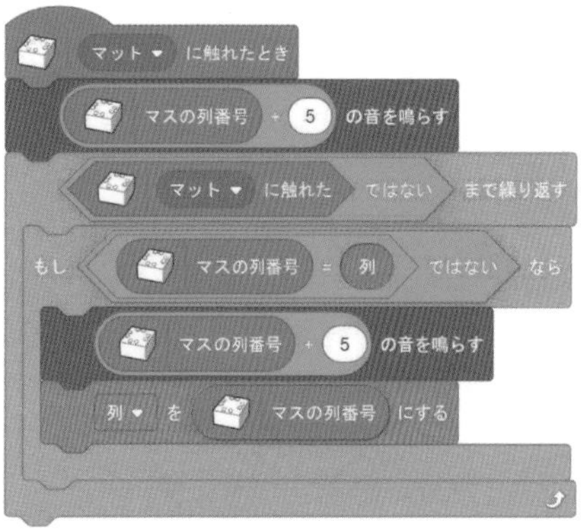

最後《さいご》に、❸で完成《かんせい》したプログラムに❻までのプログラムを追加《ついか》します。これで、キューブでマットの列《れつ》をずらしたときに、次々《つぎつぎ》とちがう音《おと》が鳴《な》るようになりました！

完成《かんせい》したプログラム

きほんのプログラム

タッチしてシンバルを鳴《な》らす

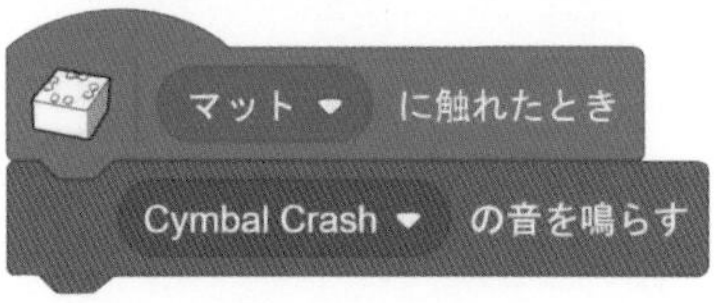
マット ▼ に触れたとき
Cymbal Crash ▼ の音を鳴らす

2種類《しゅるい》の音《おと》を鳴《な》らす

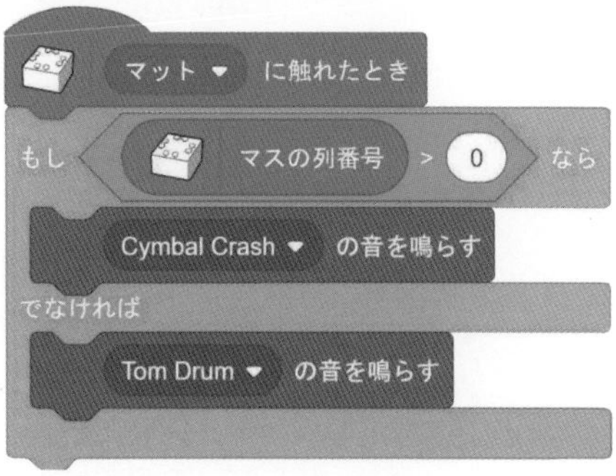
マット ▼ に触れたとき
もし マスの列番号 > 0 なら
Cymbal Crash ▼ の音を鳴らす
でなければ
Tom Drum ▼ の音を鳴らす

4つの音《おと》が鳴《な》るドラムセット

マット ▼ に触れたとき
もし マスの行番号 > 0 なら
もし マスの列番号 > 0 なら
Cymbal Crash ▼ の音を鳴らす
でなければ
Tom Drum ▼ の音を鳴らす
でなければ
もし マスの列番号 > 0 なら
Snare Drum ▼ の音を鳴らす
でなければ
Kick Drum ▼ の音を鳴らす

おうようプログラム

音階《おんかい》を鳴《な》らす

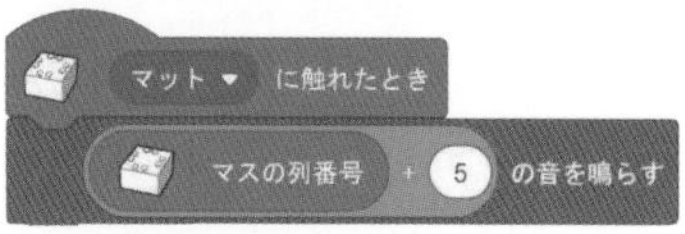
マット ▼ に触れたとき
マスの列番号 + 5 の音を鳴らす

音階《おんかい》を続《つづ》けて鳴《な》らす

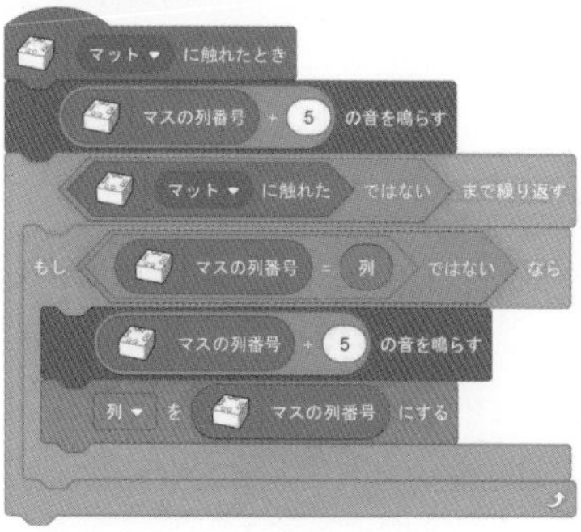
マット ▼ に触れたとき
マスの列番号 + 5 の音を鳴らす
マット ▼ に触れた ではない まで繰り返す
もし マスの列番号 = 列 ではない なら
マスの列番号 + 5 の音を鳴らす
列 ▼ を マスの列番号 にする

1
C Piano
2.00
2
E Piano
2.00
3
F Piano
2.00
4
G Piano
2.00
5
B Piano
2.00
6
C2 Piano
2.00
7
Cymbal ...
1.14
8
Snare Dr...
0.14
9
Tom Drum
1.66

音《おと》のせってい

「きほん」ではピアノの音《おと》だけでしたが、「おうよう」ではドラムセットの3つの音《おと》も追加《ついか》しました。好《す》きな音《おと》を追加《ついか》したり、いろいろな音階《おんかい》を試《ため》してみましょう。

※『トイオ・コレクション』のマットは最大《さいだい》9つ、『toioコア キューブ』の「簡易《かんい》プレイマット」では最大《さいだい》7つの音《おと》を鳴《な》らせます。

まとめ

ここでは、全部《ぜんぶ》で5種類《しゅるい》の楽器《がっき》プログラムを作成《さくせい》しました。音《おと》の種類《しゅるい》を変《か》えるだけでなく、音《おと》の順番《じゅんばん》（音階《おんかい》）を変《か》えたり、動物《どうぶつ》の鳴《な》き声《ごえ》をせっていしたりしてみても面白《おもしろ》いですよ。ぜひ、自分《じぶん》だけの楽器作《がっきづく》りを楽《たの》しんでくださいね。

教《おし》えて！ toio博士《はかせ》

toioで学《まな》ぶ ロボット工学《こうがく》

第3話

「どうしてキューブは自分《じぶん》の位置《いち》がわかるの？」

●ロボットは自分《じぶん》とまわりのかんけいを「見比《みくら》べる」ことで自分《じぶん》の位置《いち》を知《し》ることができるよ！

●ロボットそうじ機《き》や自動運転《じどううんてん》にも「自分《じぶん》の位置《いち》を知《し》る」技術《ぎじゅつ》が使《つか》われているんだ！

●キューブはマットにかかれたとくしゅなパターンを読《よ》み取《と》って位置《いち》をかくにんしているんだよ

ロボットが自分《じぶん》の位置《いち》を知《し》る方法《ほうほう》

ロボットがまよわず動《うご》き回《まわ》るには、「自分《じぶん》の位置《いち》」を知《し》ることが大切《たいせつ》です。そのためには人《ひと》と同《おな》じように、自分《じぶん》と周《まわ》りの関係《かんけい》を見《み》くらべる、つまり「目印《めじるし》になるものを見《み》つけて、自分《じぶん》との位置関係《いちかんけい》をはかる」作業《さぎょう》が必要《ひつよう》です。ロボットによって方法《ほうほう》はちがいますが、多《おお》くは「距離《きょり》センサー」「カメラ」「GPS」、そしてあらかじめ作《つく》ったデジタル地図《ちず》などが使《つか》われています。動《うご》きながら地図《ちず》を作《つく》る「SLAM（※）」というぎじゅつもあり、最近《さいきん》では一部《いちぶ》のロボットそうじ機《き》や自動運転《じどううんてん》に使《つか》われています。

この本《ほん》の作例《さくれい》ではよりかんたんな方法《ほうほう》を使《つか》った「おそうじロボット」のプログラムをしょうかいしていますが、キューブとビジュアルプログラミングを使《つか》えば、こうした最新《さいしん》ぎじゅつもかんたんに自分《じぶん》の手《て》で作《つく》って、体験《たいけん》できます。

キューブはどうして位置《いち》がわかるの？

toioでは、まわりを見《み》るセンサーやカメラではなく、キューブの下《した》にしいた専用《せんよう》マットに印刷《いんさつ》された、人《ひと》の目《め》にはほとんど見《み》えないとくしゅなパターンをキューブの下側《したがわ》にあるセンサーで読《よ》み取《と》っています。

この専用《せんよう》マットととくしゅなパターンは「番地《ばんち》」が書《か》かれた地図《ちず》のようなもので、読《よ》み取《と》ったしゅんかんの位置《いち》が正確《せいかく》にわかります。キューブの上《うえ》にのせたもののえいきょうも受《う》けないためとても安定《あんてい》しています。マットの上《うえ》にきちんと乗《の》っていればキューブがたくさんあっても位置関係《いちかんけい》がわかるので、AIなど高度《こうど》な研究《けんきゅう》を行《おこな》う人々《ひとびと》からも注目《ちゅうもく》されています。ぜひキューブのすぐれたセンサーや座標《ざひょう》を使《つか》ってすごいプログラムを作《つく》ってみましょう！

※Simultaneous Localization and Mapping

作例《さくれい》 4

むずかしさ ■■■□□ (3/5)

ロボットサッカーゲーム

総合的な学習の時間　クラブ活動

大人気《だいにんき》のサッカーゲームを作《つく》ってあそぼう!

　ワークショップでも大人気《だいにんき》のtoioを使《つか》ったオリジナルのサッカーゲームの登場《とうじょう》です!

　2台《だい》のキューブをサッカー選手《せんしゅ》に見立《みた》てて、キーボードでそうさしながらゴールを目指《めざ》しましょう。「おうようプログラミング」では、なんとオリジナルのシュートなどの必殺《ひっさつ》わざも自由《じゆう》に作《つく》ることができます。プログラムができたら、家族《かぞく》や友《とも》だちといっしょに遊《あそ》んでみてくださいね。

キューブでサッカーにちょうせん

作業時間《さぎょうじかん》の目安《めやす》：30〜60分

はかせ、toioでサッカーゲームが作《つく》れるってホント!?

オリジナルの必殺《ひっさつ》わざも作《つく》れるんだって!

うおおおおぉぉぉぉ! やるぞー!

落《お》ち着《つ》いて落《お》ち着《つ》いて。
このサッカーゲームでは、「キューブをキーボードでそうさする」プログラムや、「ブロックていぎ」という新《あたら》しいわざも覚《おぼ》えるぞ。

これだけは覚《おぼ》えよう！ よく使《つか》う toioのきほんプログラム

キューブをキーボードで動《うご》かす

が押されたとき
スピード を 60 にする
ずっと
もし 上向き矢印 キーが押された なら
前 に速さ スピード で 0.05 秒動かす
もし 下向き矢印 キーが押された なら
後ろ に速さ スピード で 0.05 秒動かす
もし 右向き矢印 キーが押された なら
右 に速さ 20 で 0.05 秒回す
もし 左向き矢印 キーが押された なら
左 に速さ 20 で 0.05 秒回す

このプログラムによって、パソコンのキーボードで、ラジコンやゲームのキャラクターのようにキューブをいどうさせたり回転《かいてん》させたりといったそうさができるようになります。プログラミングについては、次《つぎ》のページから順《じゅん》を追《お》って説明《せつめい》していきます。まずは説明《せつめい》どおりにプログラミングしてみて、完成《かんせい》したら、そうさするキーを自分《じぶん》の使《つか》いやすいキーに変《か》えたり、スピードを変《か》えたりして、アレンジしてみましょう。このプログラムを使《つか》えば、他《ほか》にもいろいろなゲームを作《つく》ることができます。

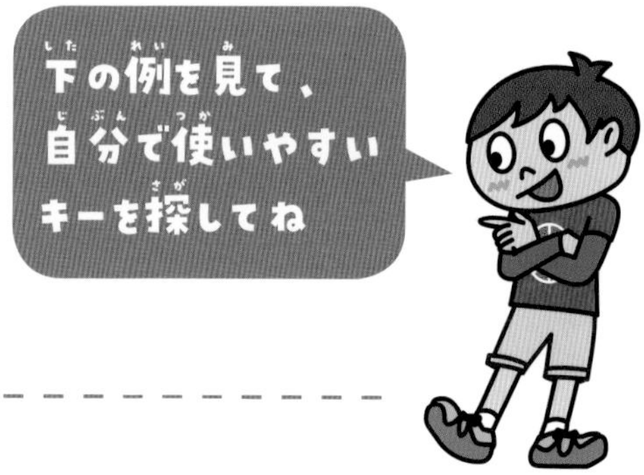
下《した》の例《れい》を見《み》て、
自分《じぶん》で使《つか》いやすい
キーを探《さが》してね

キーボードでそうさしてみよう

前《まえ》

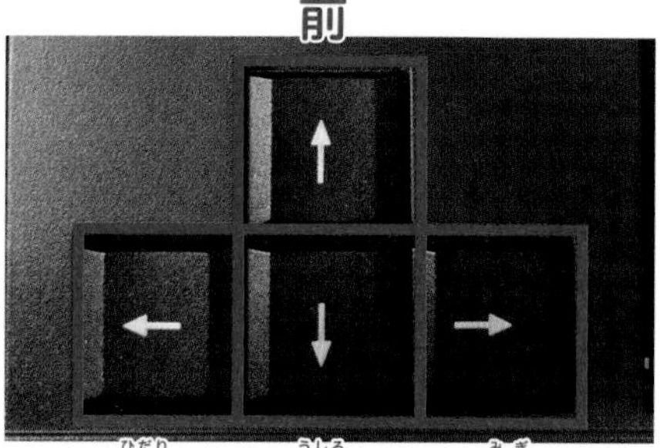

左《ひだり》　後《うしろ》　右《みぎ》

矢印《やじるし》キーの場合《ばあい》

矢印《やじるし》キーは方向《ほうこう》がひょうじされているので、初心者《しょしんしゃ》に向《む》いています。

前《まえ》

Q た
W て
E い い
R
A ち
S と
D し

左《ひだり》　後《うしろ》　右《みぎ》

WSADキーの場合《ばあい》

パソコンゲームになれている人《ひと》は、「WSADキー」もおすすめ。

きほんのプログラミング

サッカーゲームを作《つく》ろう

キーボードで動《うご》くロボットサッカーにちょうせん

ラジコンやゲームのキャラクターを動《うご》かすように、キューブをパソコンのキーボードでそうさするプログラムを作《つく》ります。さらに、シュートを決《き》めるコマンドも追加《ついか》して、サッカーゲームをもり上《あ》げましょう。

❶ キューブとマットのプログラムを作《つく》る

最初《さいしょ》に、「スピード」という変《へん》数《すう》を作《つく》り、速《はや》さを「60」にせっていします。

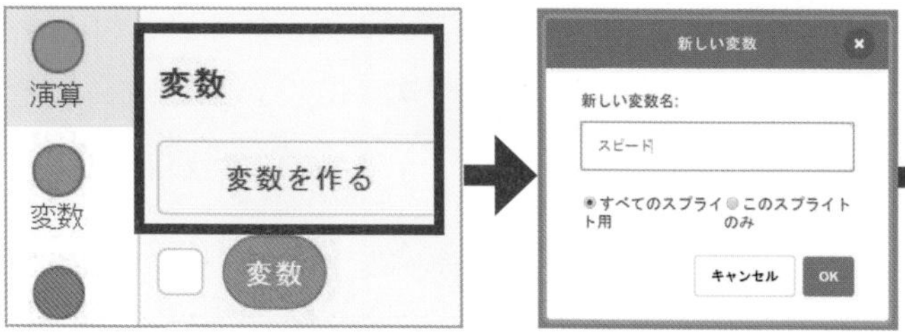

❷ キーボードそうさとスピードをせっていする

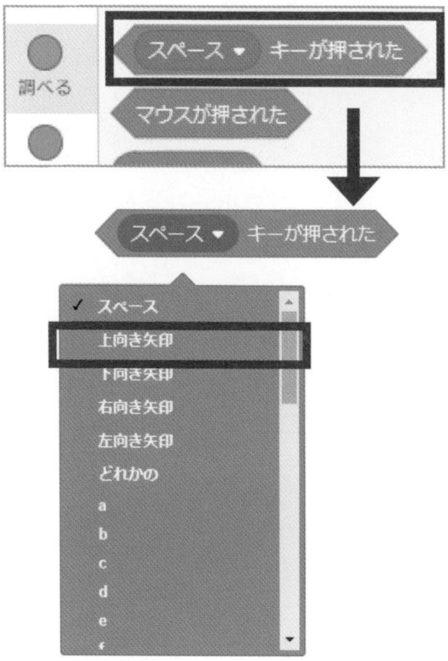

まず「上《うえ》向《む》き矢《や》印《じるし》キーが押《お》された」ブロックを作《つく》ります。それから「前《まえ》へ進《すす》む」プログラムを作《つく》りましょう。「～に速《はや》さ～で○秒《びょう》動《うご》かす」ブロックを使《つか》います。速《はや》さには数《すう》字《じ》を入《い》れることもできますが、ここでは❶でせっていしたスピードを入《い》れます。「スピード」を使《つか》うのは、「おうようプログラミング」でスピードを変更《へんこう》させる“しかけ”を作《つく》るためです。また、動《うご》かす時間《じかん》を「0.05秒《びょう》」にすることで、キーを押《お》したときのはんのうがすばやくなります。

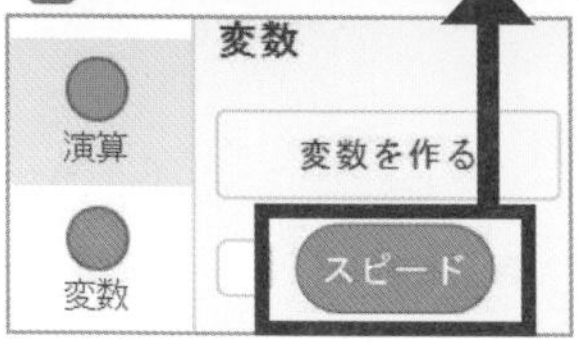

キューブの動《うご》く向《む》きと速《はや》さ、時間《じかん》をせっていする。速《はや》さは変数《へんすう》の「スピード」を入《い》れよう！

❸ キーボードそうさとスピードをせっていする

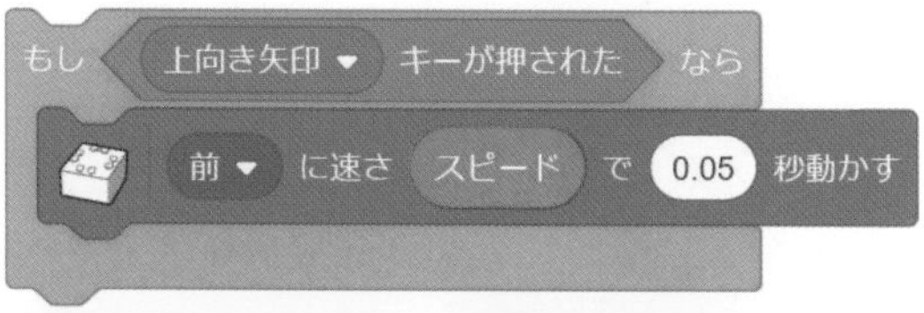

これで、キーそうさ用《よう》のブロックがそろいました。❷で作《つく》った「上《うえ》向《む》き矢《や》印《じるし》キーが押《お》された」と「前《まえ》に速《はや》さ<スピード>で0.05秒動《びょううご》かす」ブロックを、「もし～なら」ブロックと組《く》み合《あ》わせます。キーボードの「↑」（上《うえ》向《む》き矢《や》印《じるし》）を押《お》したとき、キューブが前《まえ》にいどうするようになりました！

あとは、後《うし》ろと左右《さゆう》も同《おな》じように作《つく》ります。

キューブがキーボードで動《うご》くようになります。

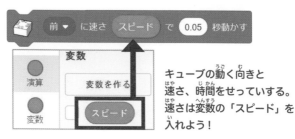

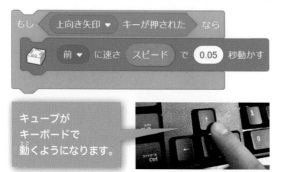

❹「複製《ふくせい》」きのうで残《のこ》りのキーもせっていする

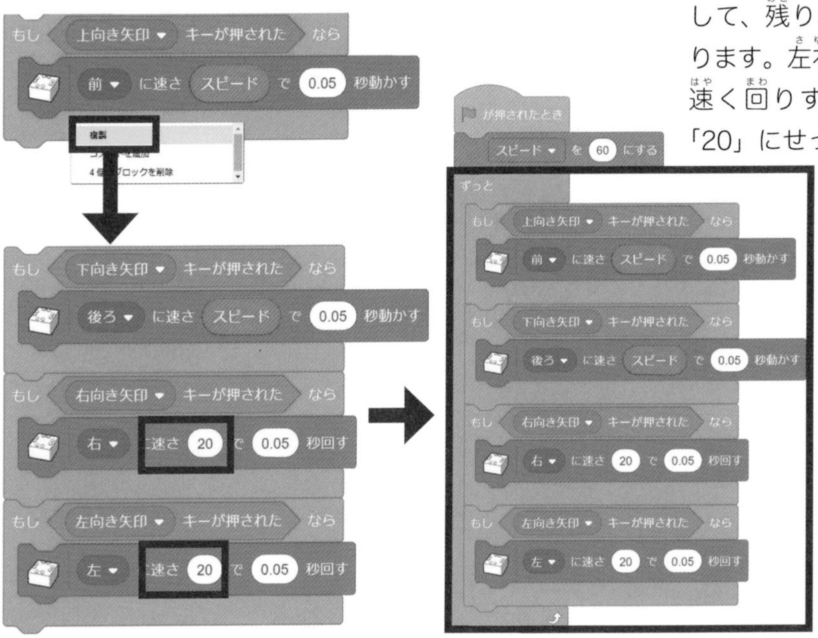

❸で作《つく》ったプログラムをコピーして、残《のこ》り3つのプログラムも作《つく》ります。左右《さゆう》のそうさについては、速《はや》く回《まわ》りすぎないよう、速《はや》さを「20」にせっていしました。

最後《さいご》に、キーそうさがずっとオンになるように「ずっと」ブロックでまとめて❶のプログラムを追《つい》加《か》します。これでリモコンのように前後《ぜんご》左右《さゆう》にキューブが動《うご》くようになります。

---

❺シュートのプログラムを作《つく》ろう

音《おと》は右上《みぎうえ》のボタンで聞《き》くことができるよ!

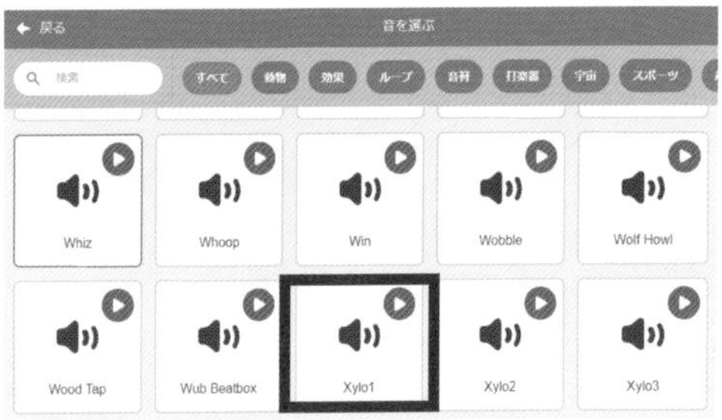

これだけでも、キューブでボールを動《うご》かすサッカーゲームはできますが、もっとゲームを面白《おもしろ》くするために、シュートきのうを追加《ついか》します。キーボードの「スペース」キーを押《お》すとキューブが高速回転《こうそくかいてん》するプログラムを作《つく》ってみましょう。まず「～キーが押《お》されたとき」ブロックで「スペース」を選《えら》び、次《つぎ》にシュートの音《おと》をせっていします。好《す》きな音《おと》を使《つか》えますが、ここでは「Whiz」を選《えら》びました。

---

❻シュートそうさをせっていして完成《かんせい》!

次《つぎ》に、シュートの動作《どうさ》を作《つく》ります。キューブが高速《こうそく》で回転《かいてん》して、ボールを転《ころ》がせるように、速《はや》さは「90」、長《なが》さは「0.5」秒《びょう》にしてみました。じっさいにキューブを動《うご》かしてみて、速《はや》さなどは調整《ちょうせい》してみてください。以上《いじょう》で、ロボットサッカーゲームのきほん部分《ぶぶん》は完成《かんせい》です!

作《つく》ったプログラムであそんでみよう！

キューブとボールを自作《じさく》しよう

ロボットサッカーでは、キューブがせんしゅになります。ボールが転《ころ》がしやすい形《かたち》に、ブロックでキューブを工作《こうさく》してみましょう。ボールはブロックで円《えん》ばんタイプを作《つく》ってもよいですし、テーブルサッカー用《よう》のサッカーボールを用意《ようい》するのもおすすめです。ボール型《がた》のものは、転《ころ》がりすぎないものを選《えら》びましょう。

テーブルサッカー用《よう》のボールは、オンラインストアなどで買《か》うことができます。

サッカー場《じょう》を作《つく》ってあそぼう！

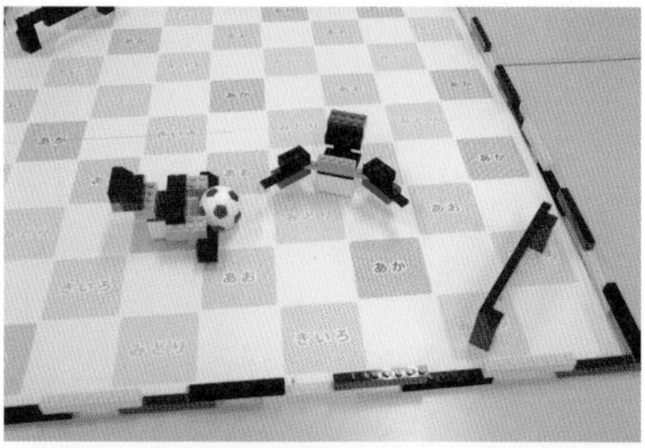

次《つぎ》に、マットの上《うえ》にゴールを作《つく》ります。ゴールの場所《ばしょ》は、写真《しゃしん》のようにマットの角《かど》に置《お》くのがおすすめ。マットのまわりを箱《ばこ》でかこんでフェンスを作《つく》っておくと、ボールが飛《と》び出《だ》しにくくなります。

2人《ひと》でプレイする場合《ばあい》は、1人《ひと》はtoioリングを使《つか》ってもよいですし、2台《だい》パソコンを使《つか》ってもオーケーです！

シュートならまかせて！

おうようプログラミング

ゲームをもり上《あ》げる 音楽《おんがく》やわざを作《つく》ろう

条件《じょうけん》を追加《ついか》してわざを作《つく》る

ここでは、ゲーム時間《じかん》を知《し》らせるタイマーと音楽《おんがく》、さらに特定《とくてい》のマスに行《い》くと、スピードアップしたり、シュートできたりするようになる楽《たの》しいわざを作《つく》ります。

❶ 音楽《おんがく》とホイッスルを鳴《な》らそう

ゲーム開始《かいし》の音《おと》、ゲーム中《ちゅう》にずっと流《なが》れる音楽《おんがく》、終《お》わりの音楽《おんがく》の3種類《しゅるい》を入《い》れるプログラムを作《つく》ります。音《おと》は、好《す》きなものを選《えら》んでみてください。音楽《おんがく》は「○回《かい》繰《く》り返《かえ》す」ブロックを使《つか》うことで、とぎれずに鳴《な》らし続《つづ》けることができます。

さらに、このプログラムの最後《さいご》に、制御《せいぎょ》メニューの「すべてを止《と》める」ブロックを置《お》けば、すべての命令《めいれい》が止《と》まります。これは音楽《おんがく》を繰《く》り返《かえ》す間《あいだ》だけゲームができるタイマーもかねています。

❷ シュートにしかけを作《つく》る

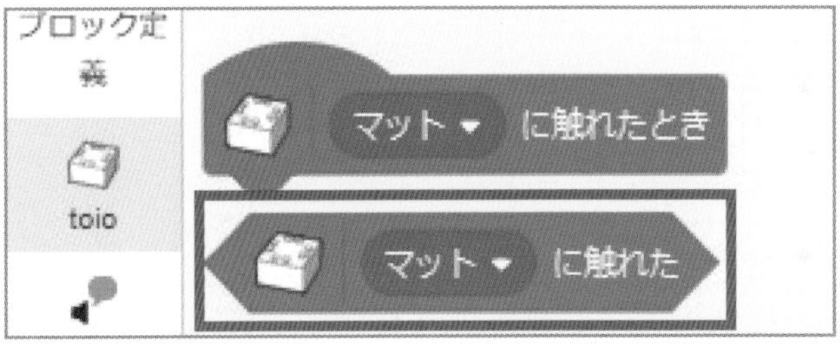

続《つづ》いて、シュートの条件《じょうけん》も変《か》えてみましょう！ 「きほんのプログラミング」では、「スペース」キーを押《お》せばいつでもシュートできましたが、ここでは「白《しろ》いマスにいるときだけ」シュートできるようにしてみます。

「きほんのプログラミング」で作《つく》ったシュートのプログラムをかいぞうしましょう。まず、「もし〜なら」を追加《ついか》して、「白《しろ》のマスに触《ふ》れた」ときだけという条件《じょうけん》にします。この条件《じょうけん》の下《した》に、「音《おと》を鳴《な》らしてシュートするプログラム」を入《い》れます。

③ 特定《とくてい》のマスでのプログラムを作《つく》る

「スペースキーが押《お》されたとき」のブロックに追加《ついか》すれば、シュートのプログラムは完成《かんせい》です。このように、特定《とくてい》のマスや座標《ざひょう》などを指定《してい》することで、ゲームを面白《おもしろ》くするしかけや必殺《ひっさつ》わざを作《つく》ることもできます。

それではもう1つ「スピードアップ」のプログラムも作《つく》ってみましょう。

④ 青《あお》のマスのしかけを作《つく》る

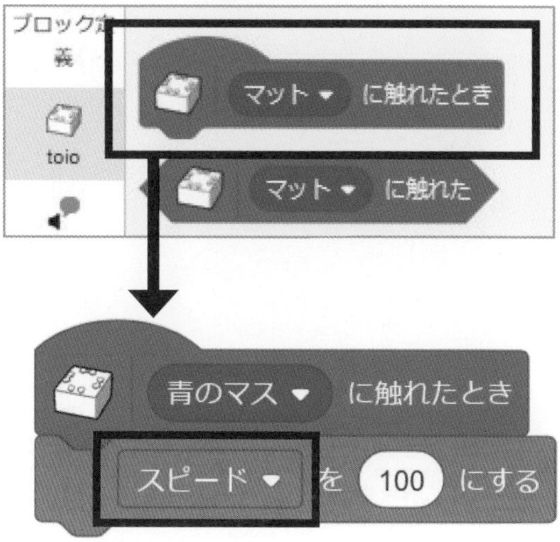

「青《あお》のマスの上《うえ》に来《く》ると、少《すこ》しの時間《じかん》だけキューブのスピードが速《はや》くなる」というプログラムを作《つく》ってみましょう！

まずは、toioメニューから「○○に触《ふ》れたとき」ブロックを使《つか》い、「青《あお》のマス」にします。

次《つぎ》に、「きほんのプログラミング」で作《つく》った変数《へんすう》「スピード」を使《つか》い、「青《あお》のマスに触《ふ》れたとき、スピードを100にする」プログラムを作《つく》ります。しかし、このままではずっとスピードアップしたままになります。

⑤ 3秒間《びょうかん》のスピードアップをせっていする

そこで、「音《おと》を鳴《な》らす」「キューブのランプの色《いろ》を1秒《びょう》つける」プログラムを追加《ついか》します。ランプの色《いろ》をつけることで、スピードアップしているということが見《み》た目《め》にもわかりやすくなります。最後《さいご》に、スピードを元《もと》の「60」にもどせば、1秒間《びょうかん》だけスピードアップするプログラムが完成《かんせい》です！　ぜひ完成《かんせい》させて遊《あそ》んでみてくださいね。

※マットのマスの色《いろ》を使《つか》ったプログラムは、『トイオ・コレクション』のマットだけで使《つか》えます。

完成《かんせい》したプログラム

きほんのプログラム

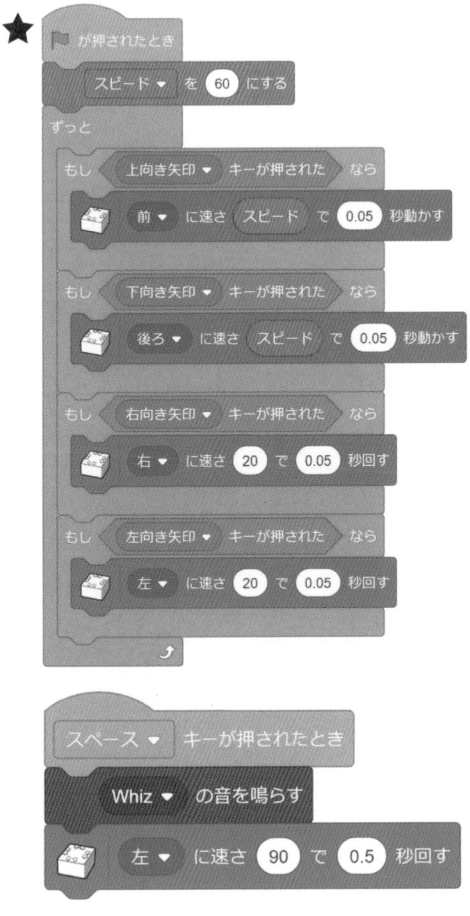
★
が押されたとき
スピード を 60 にする
ずっと
もし 上向き矢印 キーが押された なら
前 に速さ スピード で 0.05 秒動かす
もし 下向き矢印 キーが押された なら
後ろ に速さ スピード で 0.05 秒動かす
もし 右向き矢印 キーが押された なら
右 に速さ 20 で 0.05 秒回す
もし 左向き矢印 キーが押された なら
左 に速さ 20 で 0.05 秒回す
スペース キーが押されたとき
Whiz の音を鳴らす
左 に速さ 90 で 0.5 秒回す

★のプログラムは「おうようプログラム」でも使《つか》います

おうようプログラム

きほんのプログラムに音楽《おんがく》やわざを追加《ついか》しよう

が押されたとき
Bonk の音を鳴らす
10 回繰り返す
終わるまで Drum Jam の音を鳴らす
終わるまで Gong の音を鳴らす
すべてを止める
青のマス に触れたとき
スピード を 100 にする
Gong の音を鳴らす
ランプの色 を 3 秒つける
スピード を 60 にする
スペース キーが押されたとき
もし 白のマス に触れた なら
Whiz の音を鳴らす
左 に速さ 90 で 0.5 秒回す

まとめ

キューブを使《つか》ったロボットサッカーは、「複製《ふくせい》」でコピーして作《つく》ることができるプログラムが多《おお》く、そんなにふくざつではありません。ゴールやサッカー場《じょう》にこりたい人《ひと》は、ぜひ時間《じかん》をかけて、自分《じぶん》だけのコートを作《つく》ってみてください。遊《あそ》んでいるうちに、「こんなしかけがあったら面白《おもしろ》いな」「スピードをもっと速《はや》くしたい」と思《おも》ったら、作《つく》ったプログラムをどんどんかいぞうしてみましょう！

教《おし》えて! toio博士《はかせ》

toioで学《まな》ぶ ロボット工学《こうがく》

第4話

「ロボットを動《うこ》かす・制御《せいぎょ》する」

●ロボットを自分《じぶん》の思《おも》いどおりに動《うご》かすことができるととっても楽《たの》しい!

●ロボットのふくざつな動《うご》きは「制御《せいぎょ》」(コントロール)によって実現《じつげん》している

●制御《せいぎょ》の仕《し》組《く》みはドローンやスポーツ選手《せんしゅ》の動《うご》きにもおうようされているんだ

ロボットの動《うご》きはなぜおもしろいの?

人間《にんげん》には頭《あたま》の中《なか》でものの動《うご》きをそうぞうする力《ちから》もあります。ロボットを動《うご》かしていると、「こう動《うご》くかな?」とそうぞうして、それが正《ただ》しかったり、逆《ぎゃく》にちがったりしても楽《たの》しいものです。クイズやパズルなどのゲームをプレイしている感覚《かんかく》にもにているかもしれません。

また、ロボットをプログラミングしていると、だんだんと自分《じぶん》の思《おも》いどおりに動《うご》かせるようになってきて、自分《じぶん》の分身《ぶんしん》のような気持《きも》ちになることがあります。少《すこ》しむずかしい言葉《ことば》ですが、これは「自己帰属感《じこきぞくかん》(※)」とよばれていて、「自分《じぶん》の体《からだ》の一部《いちぶ》」になるような感覚《かんかく》です。ボールを思《おも》いどおりの所《ところ》に投《な》げられると楽《たの》しいように、ロボットの動《うご》かし方《かた》が自分《じぶん》の感覚《かんかく》といっちしてくると、もっと楽《たの》しくなります!

ロボットを思《おも》いどおり動《うこ》かすには「制御《せいぎょ》」(コントロール)が重要《じゅうよう》

ロボットの中《なか》にはすばやくふくざつな動《うご》きをするものもありますが、これはセンサーやモーターをコンピューターで「制御《せいぎょ》」(コントロール)している状態《じょうたい》です。たいそう選手《せんしゅ》がふくざつな動《うご》きを正確《せいかく》にこなすように、ロボットがどのように動《うご》くか、こうぞうやサイズ、重《おも》さなどから計算《けいさん》して結果《けっか》をよそくし、力《ちから》の入《い》れ方《かた》やスピードをせいみつに調節《ちょうせつ》しています。これは、「制御工学《せいぎょこうがく》」として研究《けんきゅう》されていて、ロケットやドローンを飛《と》ばす方法《ほうほう》や、最近《さいきん》ではスポーツ選手《せんしゅ》の体《からだ》の使《つか》い方《かた》にもおうようされています。

キューブは自分《じぶん》の位置《いち》がわかるので、行《い》きたい場所《ばしょ》(目標位置《もくひょういち》)をあたえると、そこまで「位置制御《いちせいぎょ》」で向《む》かっていきます。とうちゃくしたら(目標《もくひょう》位置《いち》とのずれがなくなったら)止《と》まります。キューブの動《うご》きでぜひ「制御《せいぎょ》」を身近に感じてください。

※「自己帰属感」については、この本でもインタビューしている渡邊恵太先生の書籍『融けるデザイン ―ハード×ソフト×ネット時代の新たな設計論』(ビー・エヌ・エヌ新社 刊)がおすすめです

むずかしさ

作例《さくれい》⑤

キューブ2台《だい》でおにごっこ

総合的な学習の時間

クラブ活動

2台《だい》のキューブをそうさするプログラムを作《つく》ろう

今度《こんど》は、2台《だい》のキューブを使《つか》って、「おにごっこ」を作《つく》ります。2台《だい》のキューブをそうさするには、これまでとはちがう「開発者版《かいはつしゃばん》ビジュアルプログラミング」を使《つか》います。新《あたら》しいブロックが出《で》てきたり、プログラムが長《なが》かったりと大変《たいへん》ですが、2台《だい》のキューブを使《つか》えると、できることがグーンと広《ひろ》がります。

完成《かんせい》したらみんなで遊《あそ》んでみましょう！

2台《だい》のプログラミングにちょうせん

作業時間《さぎょうじかん》の目安《めやす》：20〜40分

今度《こんど》はおにごっこだ！
2台《だい》のキューブで、「おに役《やく》」と
「にげる役《やく》」のプログラムを作《つく》るよ！

ちょっとプログラムは長《なが》くなるけど、
がんばって最後《さいご》までプログラミング
してみてね。

ここでは開発者版《かいはつしゃばん》ビジュアルプログラミングを
使《つか》って、2台《だい》のキューブをそうさするぞ！
ロボットどうしをれんけいして動《うご》かすのは、
ロボット工学《こうがく》のきほんなのだ。

これだけは覚《おぼ》えよう！ よく使《つか》う toioのきほん

2台目《だいめ》のキューブを使《つか》うために

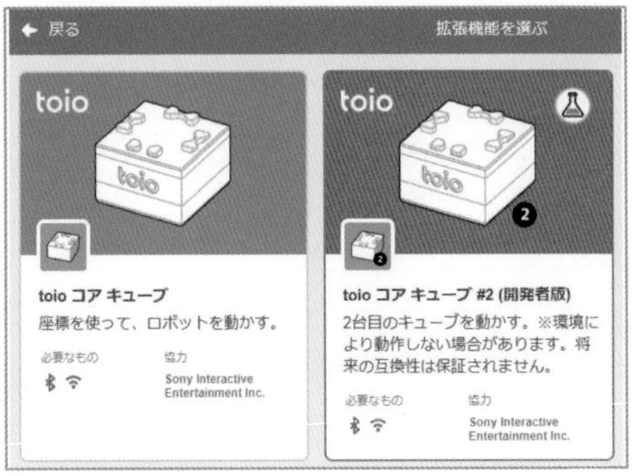
← 戻る
拡張機能を選ぶ
toio
toio コア キューブ
座標を使って、ロボットを動かす。
必要なもの
協力
Sony Interactive Entertainment Inc.
toio
toio コア キューブ #2 (開発者版)
2台目のキューブを動かす。※環境により動作しない場合があります。将来の互換性は保証されません。
必要なもの
協力
Sony Interactive Entertainment Inc.

「開発者版《かいはつしゃばん》ビジュアルプログラミング」
https://toio.github.io/toio-visual-programming/dev/

ここでは、toioを2台使《だいつか》うための方法《ほうほう》を説明《せつめい》します。

今回《こんかい》は、これまでの「ビジュアルプログラミング」ではなく、「開発者版《かいはつしゃばん》ビジュアルプログラミング」を使《つか》います。そうさ方法《ほうほう》などは同《おな》じですが、2台目《だいめ》のキューブを動《うご》かす機能《きのう》が追加《ついか》されています。

90 度に向ける
ブロック定
マウスのポインター ▾ へ向ける
toio
x座標を 10 ずつ変える

画面下《がめんした》の「拡張機能《かくちょうきのう》」マークで2台目《だいめ》のtoioメニューを追加《ついか》

---

toio用《よう》の正方形《せいほうけい》のスプライトを作《つく》る

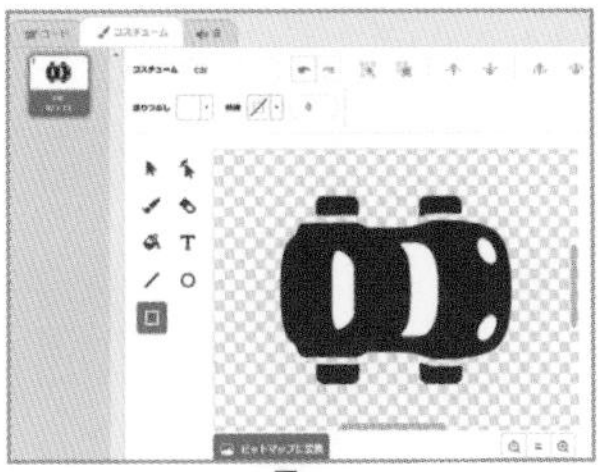

◀キューブのスプライトを選《えら》んで、左上《ひだりうえ》の「コスチューム」画面《がめん》をクリックします。

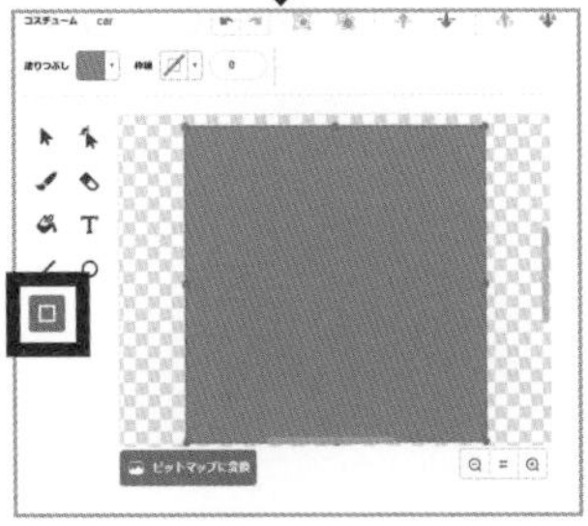

◀クルマの絵《え》の上《うえ》に、左《ひだり》のメニューにある「塗《ぬ》りつぶし」機能《きのう》で、正方形《せいほうけい》に塗《ぬ》りつぶします。

2台《だい》のキューブを動《うご》かすときによく使《つか》うのが、「キューブどうしがぶつかりあう」などの、おたがいにはんのうするプログラムです。ただし、ビジュアルプログラミングではじめに表示《ひょうじ》されるキューブのスプライトはクルマの形《かたち》で、じっさいのキューブと形《かたち》や相手《あいて》にぶつかるはんいが少《すこ》しちがいます。そこで、キューブの形《かたち》に近《ちか》い正方形《せいほうけい》にするため、「コスチューム」というお絵《え》かき機能《きのう》を使《つか》って、キューブのスプライトをかき直《なお》します。これで、じっさいにキューブがぶつかったときのはんていが、画面《がめん》と同《おな》じになります。

キューブと同《おな》じ正方形《せいほうけい》にしよう

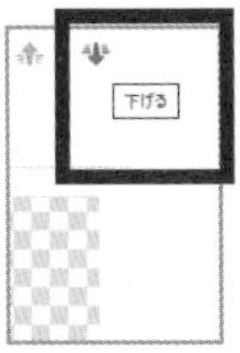
下げる

◀右上《みぎうえ》の「下《さ》げる」をクリックすると、塗《ぬ》りつぶした四角形《しかくけい》がクルマの絵《え》の後《うし》ろに下《さ》がります。

キューブの形《かたち》もえらべます。

2
キューブ
22 x 22

2台《だい》のキューブを動《うご》かそう

座標《ざひょう》ブロックを使《つか》う

ここでは、座標《ざひょう》ブロックを使《つか》って、「おにごっこ」のプログラムを作《つく》ります。タイマーや乱数《らんすう》といった新《あたら》しいブロックも出《で》てきますので、しっかり覚《おぼ》えておきましょう。

❶ 3種類《しゅるい》のスプライトを作《つく》る

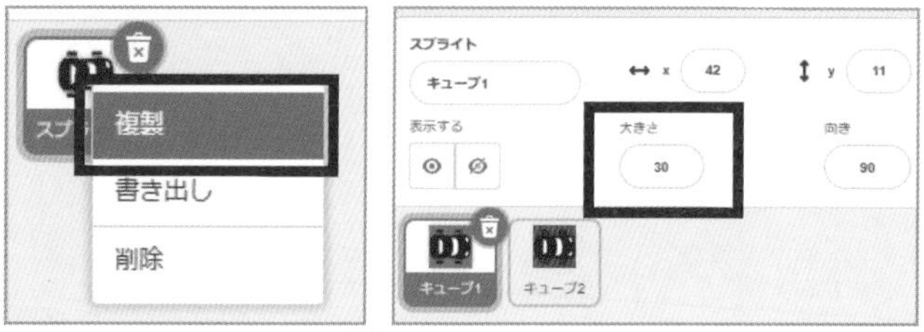

複製
書き出し
削除
スプライト
キューブ1
x 42
y 11
表示する
大きさ
30
向き
90
キューブ1
キューブ2

▲キューブのスプライトの大《おお》きさは、2つとも「30」にせっていします。

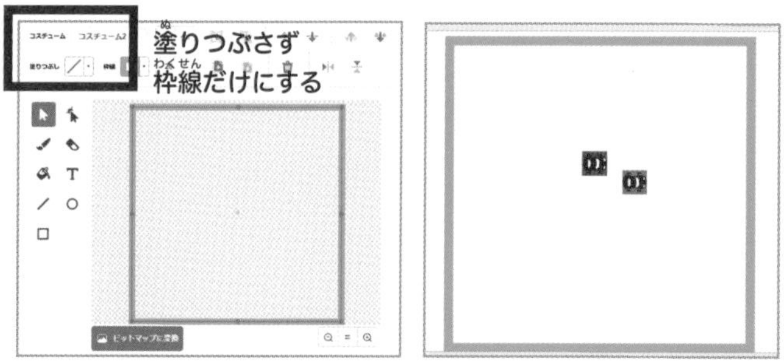

コスチューム
塗《ぬ》りつぶさず
枠線《わくせん》だけにする

最初《さいしょ》に、開発者版《かいはつしゃばん》ビジュアルプログラミングで2台《だい》のキューブを使《つか》うじゅんびをしましょう。

まず、キューブのスプライトをコピーして2つにし、前《まえ》のページの手順《てじゅん》どおりに正方形《せいほうけい》にしましょう。1台目《だいめ》(名前《なまえ》は「キューブ1」)を青色《あおいろ》、2台目《だいめ》(名前《なまえ》は「キューブ2」)を赤色《あかいろ》にするとわかりやすいです。

次《つぎ》に、マットの「フェンス」スプライトを作《つく》ります。「コスチューム」の四角形《しかくけい》で、画面《がめん》いっぱいに太《ふと》いわくを作《つく》ります。3つのスプライトができたら、じゅんびかんりょうです。

❷ 1台目《だいめ》のキューブのせっていをする

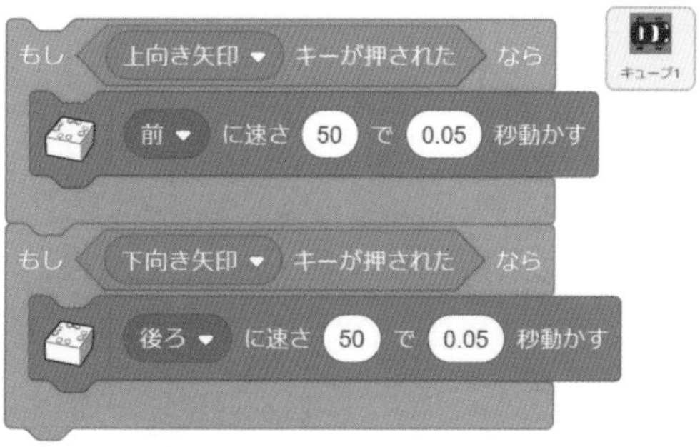

キューブ1
もし 上向き矢印 キーが押された なら
前 に速さ 50 で 0.05 秒動かす
もし 下向き矢印 キーが押された なら
後ろ に速さ 50 で 0.05 秒動かす

▲前後《ぜんご》は、速《はや》さ「50」で「0.05」秒《びょう》にしました。

1台目《だいめ》の青《あお》いキューブを、自分《じぶん》がそうさするキューブとします。作例《さくれい》4と同《おな》じく、上下左右《じょうげさゆう》の矢印《やじるし》キーでそうさしますが、なめらかに動《うご》けるよう、タイヤの速《はや》さを工夫《くふう》してみました。今回《こんかい》はさらにもうひとつ、「フェンス」のせっていをします。はげしく動《うご》くとキューブがマットの外《そと》に飛《と》び出《だ》してしまうこともあるので、画面上《がめんじょう》のフェンスにキューブがぶつかったら後《あと》ずさるせっていにしてみました。

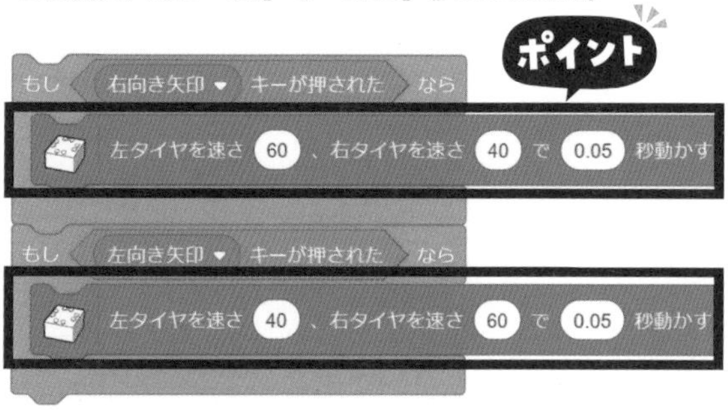

ポイント
もし 右向き矢印 キーが押された なら
左タイヤを速さ 60 、右タイヤを速さ 40 で 0.05 秒動かす
もし 左向き矢印 キーが押された なら
左タイヤを速さ 40 、右タイヤを速さ 60 で 0.05 秒動かす

▲左右《さゆう》で、タイヤの速《はや》さをびみょうに変《か》えることで、キューブがなめらかに曲《ま》がれるようになります。

もし フェンス に触れた なら
前 に速さ 80 で 0.2 秒動かす

スプライトの当《あ》たりはんていを覚《おぼ》えよう！キューブがフェンスに触《ふ》れると、後《うし》ろに下《さ》がるプログラムを作《つく》ります。

③ 前後左右《ぜんこさゆう》のキーそうさをプログラム

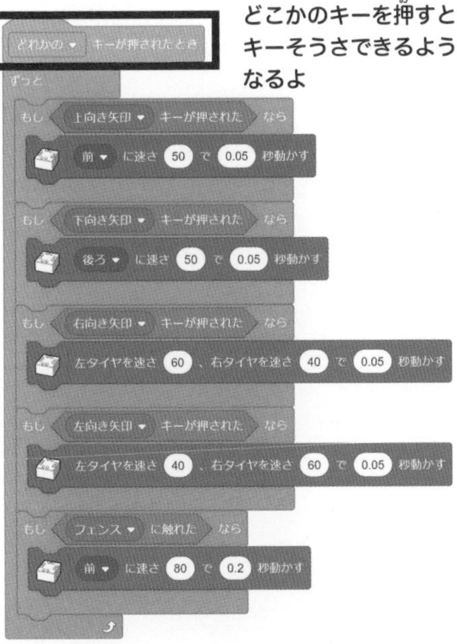
どれかの キーが押されたとき
ずっと
もし 上向き矢印 キーが押された なら
前 に速さ 50 で 0.05 秒動かす
もし 下向き矢印 キーが押された なら
後ろ に速さ 50 で 0.05 秒動かす
もし 右向き矢印 キーが押された なら
左タイヤを速さ 60 、右タイヤを速さ 40 で 0.05 秒動かす
もし 左向き矢印 キーが押された なら
左タイヤを速さ 40 、右タイヤを速さ 60 で 0.05 秒動かす
もし フェンス に触れた なら
前 に速さ 80 で 0.2 秒動かす

どこかのキーを押《お》すと キーそうさできるように なるよ

どのキーを押《お》してもそうさが始《はじ》まるように、「どれかのキーを押《お》したとき」ブロックを最初《さいしょ》に入《い》れます。いつでもキーそうさができるように、❷で作《つく》ったプログラムを「ずっと～」ブロックに入《い》れれば、キーそうさプログラムのできあがりです。

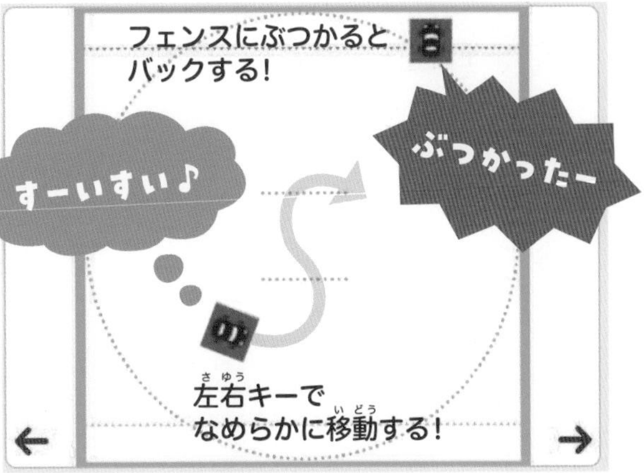
フェンスにぶつかると
バックする!
すーいすい♪
ぶつかったー
左右《さゆう》キーで
なめらかに移動《いどう》する!

④ キューブのランプをつけよう

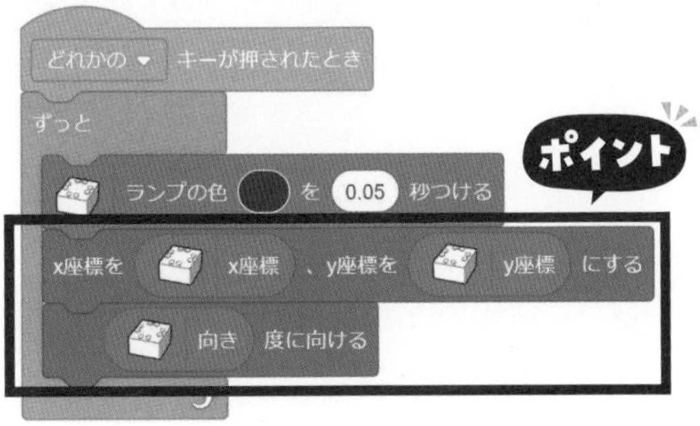
どれかの キーが押されたとき
ずっと
ランプの色 を 0.05 秒つける
x座標を x座標 、y座標を y座標 にする
向き 度に向ける
ポイント

次《つぎ》に、2台《だい》のキューブの見分《みわ》けがつくように、それぞれのテーマカラーを点灯《てんとう》させます。1台目《だいめ》は、「ランプの色《いろ》を青《あお》」にしました。

さらに、1台目《だいめ》のキューブのいる位置《いち》と向《む》きが、画面《がめん》のスプライトの座標《ざひょう》と同《おな》じ位置《いち》になるようせっていしています。これで、2台目《だいめ》のキューブに座標《ざひょう》で自分《じぶん》の位置《いち》を知《し》らせて、追《お》いかけさせることができるようになります。

⑤ タイマーをせっていする その1

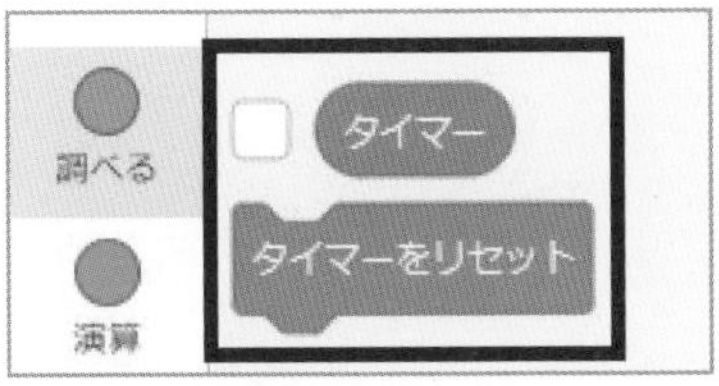
調べる
演算
タイマー
タイマーをリセット

2つの タイマー ブロックを 使《つか》います

スペース キーが押されたとき
タイマーをリセット

リセットしないと ゲームだけの時間《じかん》が 計《はか》れません

次《つぎ》にビジュアルプログラミングにあるタイマー機能《きのう》を使《つか》って、時間《じかん》せいげんのプログラムを作《つく》ります。「タイマー」は、ゲームなどで便利《べんり》なブロックなので、ぜひ使《つか》い方《かた》を覚《おぼ》えておきましょう。「タイマー」は、ビジュアルプログラミングを立《た》ち上《あ》げたときからずっと時間《じかん》を計《はか》っています。そのため、ゲームしている時間《じかん》だけを計《はか》りたいときは、ゲームを始《はじ》める前《まえ》にリセットする必要《ひつよう》があります。ここでは、「スペース」キーを押《お》すとタイマーがリセットするプログラムを作《つく》りました。

❻ タイマーをせっていする その2

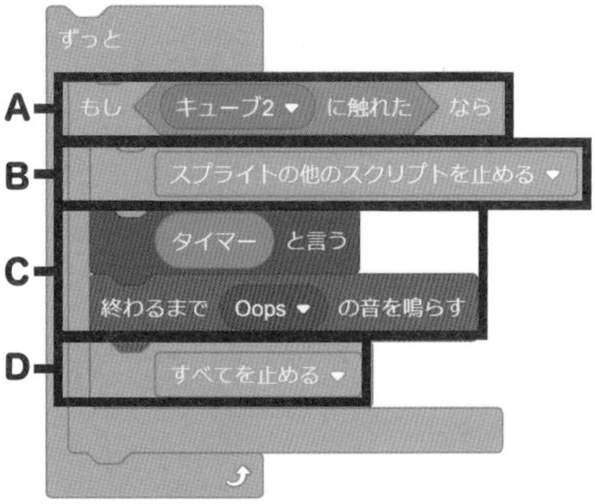
ずっと
A
もし キューブ2 に触れた なら
B
スプライトの他のスクリプトを止める
C
タイマー と言う
終わるまで Oops の音を鳴らす
D
すべてを止める

A：2台目《だいめ》のキューブにつかまったとき
B：キューブの動《うご》きを止《と》める
C：かかった時間《じかん》と音《おと》を鳴《な》らす
D：すべてのプログラムを止《と》める

1台目《だいめ》のキューブが、おにのキューブにつかまった（触《ふ》れた）とき、ゲームが終《お》わり、かかった時間《じかん》がわかるようにプログラムします。「キューブの動《うご》きを止《と》める」「時間《じかん》を言《い》う」「音《おと》を鳴《な》らす」「すべてのプログラムを止《と》める」の順《じゅん》で、ブロックを組《く》み合《あ》わせます。

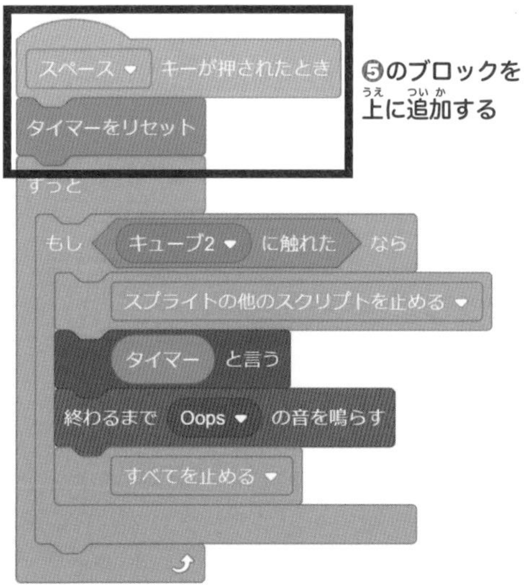
スペース キーが押されたとき
タイマーをリセット
❺のブロックを上《うえ》に追加《ついか》する
ずっと
もし キューブ2 に触れた なら
スプライトの他のスクリプトを止める
タイマー と言う
終わるまで Oops の音を鳴らす
すべてを止める

❼ キューブの位置《いち》と向《む》きを決《き》める

おにごっこのプログラムを作《つく》ります。キューブ1の座標《ざひょう》に向《む》かって、キューブ2が進《すす》むようにせっていします。このとき、速《はや》さを「30から90までの乱数《らんすう》」（30から90までの速《はや》さがランダムに決《き》まる）にすることで、おにの動《うご》きがよそくしにくくなり、ゲームがぐっと面白《おもしろ》くなります。

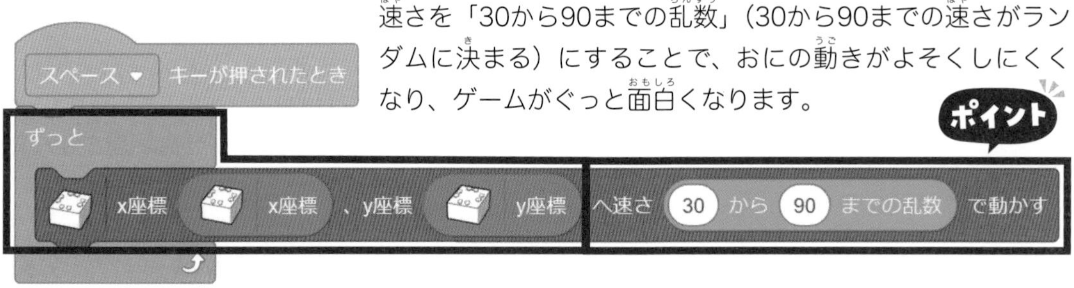
ポイント
スペース キーが押されたとき
ずっと
x座標 x座標 、y座標 y座標 へ速さ 30 から 90 までの乱数 で動かす

❽ 2台目《だいめ》のキューブをせっていしよう

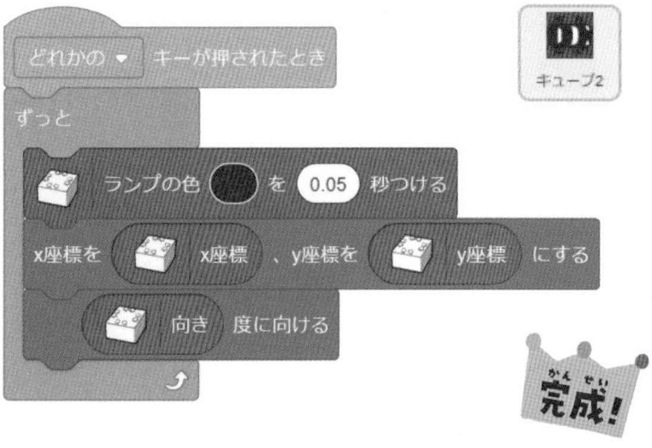
キューブ2
どれかの キーが押されたとき
ずっと
ランプの色 を 0.05 秒つける
x座標を x座標 、y座標を y座標 にする
向き 度に向ける
完成《かんせい》!

最後《さいご》に、「おに役《やく》」となる2台目《だいめ》のキューブのせっていをしましょう。まず1台目《だいめ》のキューブと区別《くべつ》がつくよう、ランプの色《いろ》を赤《あか》にします。次《つぎ》に、キューブの座標《ざひょう》の位置《いち》を1台目《だいめ》と同《おな》じようにせっていします。2台目《だいめ》のキューブをプログラミングするときは、必《かなら》ず「toio #2」と書《か》かれたメニューから赤《あか》いブロックを使《つか》ってください。toio以外《いがい》は、どのブロックを使《つか》っても問題《もんだい》ありません。

作《つく》ったプログラムで　あそんでみよう！

キューブのうごきを楽《たの》しもう

きほんのプログラムができたら、マットに2台《だい》のキューブを置《お》いて、さっそくあそんでみましょう。

むずかしく感《かん》じたら、キューブ2の「乱数《らんすう》」の速《はや》さを小《ちい》さくしてみると、追《お》いかける速《はや》さが遅《おそ》くなります。

キューブにかざりつけしてみよう

2台《だい》にブロックをつけてみる

▲ブロックの目玉《めだま》をつけてみると、一気《いっき》にキャラクターっぽくなります。

キャラクター人形《にんぎょう》をつけてみる

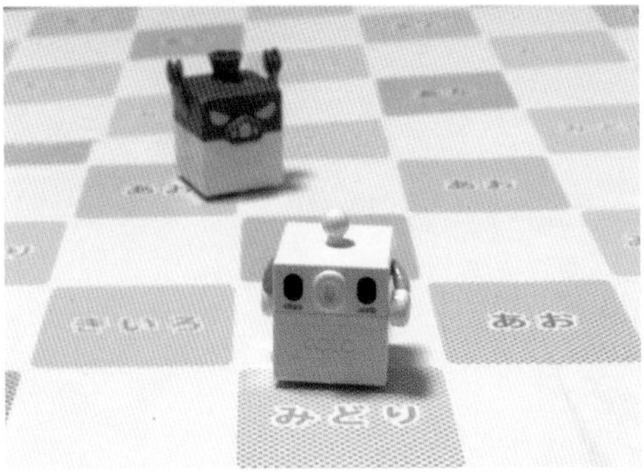

▲toioせんようタイトルの人形《にんぎょう》キャラクターをつけても楽《たの》しいですよ。

キューブはそのままでもあそべますが、2台《だい》あるとどちらが自分《じぶん》のそうさしているキューブかわからなくなってしまうことがあります。

そこで、おもちゃのブロックなどをつけて、2台《だい》の区別《くべつ》がつくようにしてみましょう。ネズミとネコ、にわとりの親《おや》子《こ》など、いろいろなキャラクターにしてみるのも楽《たの》しいですよ！

あそびのヒント

ブロックや折《お》り紙《がみ》でキャラクターを作《つく》ってみるのも楽《たの》しいよ！

おうようプログラミング

ゲームをもっと面白《おもしろ》くしよう

変数《へんすう》を使《つか》い、だんだんむずかしくなるようにしよう

「きほんのプログラミング」をベースに、だんだんむずかしくなっていく「レベル」ルールを追加《ついか》したり、見《み》た目《め》や音《おと》などを工夫《くふう》したりして、プログラムをかいぞうしていきましょう。

❶ 画面《がめん》をはでにする

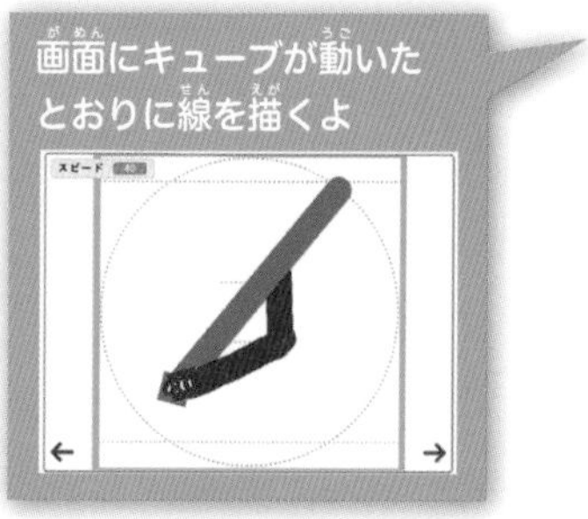

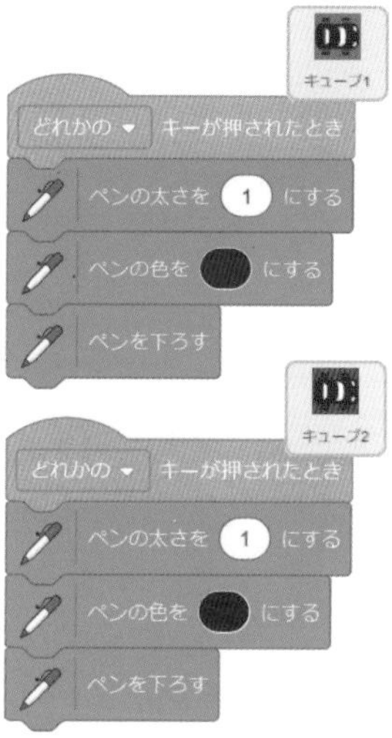

最初《さいしょ》に、画面《がめん》をはでにするプログラムを作《つく》ってみましょう。ビジュアルプログラミング画面《がめん》の左下《ひだりした》の「拡張機能《かくちょうきのう》を追加《ついか》する」から、「ペン」を選《えら》び、画面《がめん》にペンで線《せん》をえがくプログラムを作《つく》ります。ペンの色《いろ》は、キューブ1は「青《あお》」、キューブ2は「赤《あか》」にせっていします。ペンのせっていができたら、「きほんのプログラミング」の❹と❽で作《つく》ったプログラムと合体《がったい》しましょう。それぞれのキューブが動《うご》いたとおりに、画面《がめん》に線《せん》がえがかれます。

❷ 変数《へんすう》「スピード」を作《つく》る

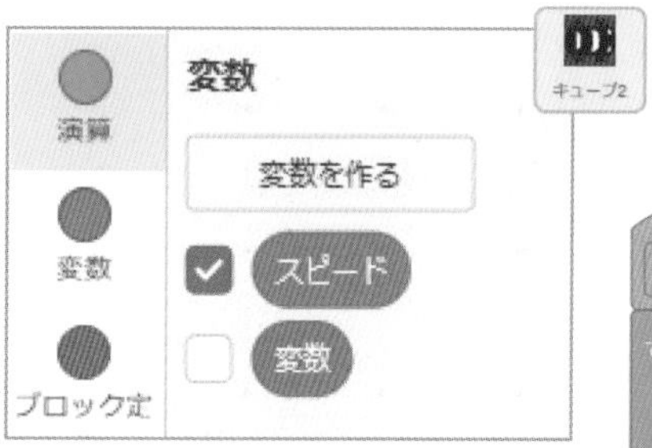

キューブ1のプログラムをアレンジしましょう。レベルが上《あ》がると、追《お》いかけてくるキューブのスピードも上《あ》がっていくプログラムを作《つく》ります。まずは、変数《へんすう》「スピード」を作《つく》り、キューブ2の速《はや》さを「スピード」にします。

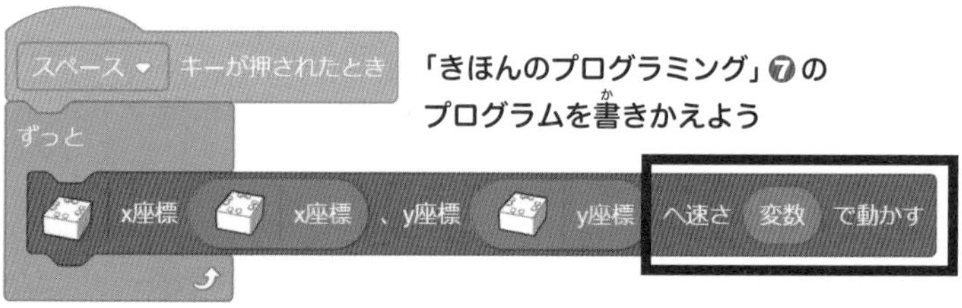

「きほんのプログラミング」❼のプログラムを書《か》きかえよう

❸ 2台目《だいめ》のキューブをせっていしよう

いよいよゲームのレベルを変《か》えるプログラムを作《つく》ります!　音楽《おんがく》が鳴《な》っている間《あいだ》、おにのキューブからにげ切《き》ったらレベル1がクリアになり、次《つぎ》のレベル2へ進《すす》むことができます。まずはレベル1からプログラミングします。「Video Game 1」の音《おと》を追加《ついか》し「終《お》わるまで音《おと》を鳴《な》らす」ブロックを2回繰《かいく》り返《かえ》します。

❹ 音楽《おんがく》のループで時間《じかん》をかんりする

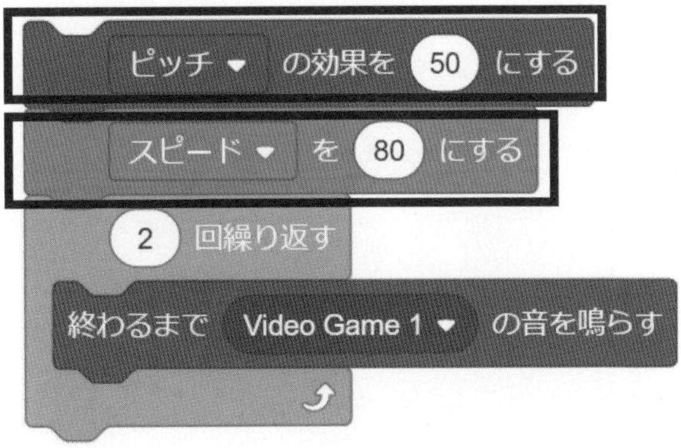
ピッチ ▾ の効果を 50 にする
スピード ▾ を 80 にする
2 回繰り返す
終わるまで Video Game 1 ▾ の音を鳴らす

❸のプログラムを複製《ふくせい》して、レベル2のプログラムを作《つく》りましょう。レベル1とちがうのは、ピッチのこうかを「50」に、スピードを「80」にする点《てん》です。これで、レベル2では音楽《おんがく》もスピードも速《はや》くなります。

「音楽《おんがく》を2回繰《かいく》り返《かえ》して鳴《な》らしている」間《あいだ》がゲーム時間《じかん》になります。ゲーム時間《じかん》をもっと長《なが》くしたいときは、「○回繰《かいく》り返《かえ》す」の回数《かいすう》をふやしてください。

❺ ゲームクリアのプログラムを作《つく》る

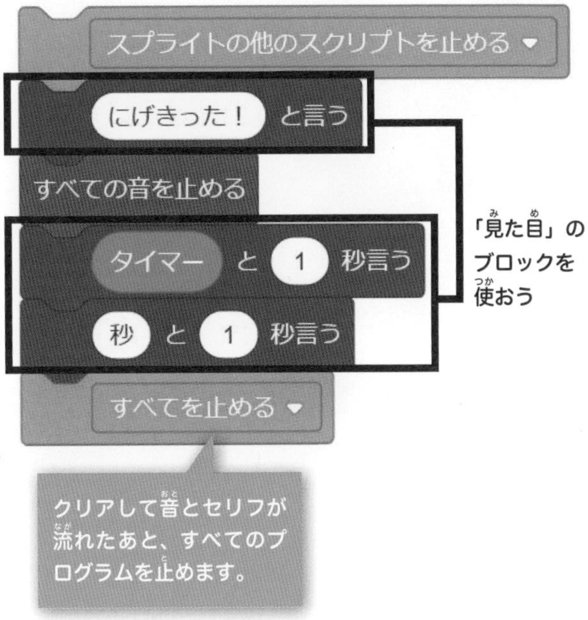
スプライトの他のスクリプトを止める ▾
にげきった！ と言う
すべての音を止める
タイマー と 1 秒言う
秒 と 1 秒言う
すべてを止める ▾
「見《み》た目《め》」のブロックを使《つか》おう
クリアして音《おと》とセリフが流《なが》れたあと、すべてのプログラムを止《と》めます。

レベル2までにげ切《き》ると、ゲームクリアです。クリアしたときは「にげきった！」というセリフと勝利《しょうり》の音《おと》が鳴《な》り、かかった秒数《びょうすう》を画面《がめん》に表示《ひょうじ》します。「きほんのプログラミング」で作《つく》ったプログラムをもとに、アレンジしてみましょう。

スペース ▾ キーが押されたとき
全部消す
ピッチ ▾ の効果を 1 にする
スピード ▾ を 40 にする
2 回繰り返す
終わるまで Video Game 1 ▾ の音を鳴らす
ピッチ ▾ の効果を 50 にする
スピード ▾ を 80 にする
2 回繰り返す
終わるまで Video Game 1 ▾ の音を鳴らす
スプライトの他のスクリプトを止める ▾
にげきった！ と言う
すべての音を止める
タイマー と 1 秒言う
秒 と 1 秒言う
すべてを止める ▾
❸
❹
❺
完成《かんせい》！

❻ すべてのプログラムをつなげる

❸、❹、❺のプログラムをすべてつなげます。さらに、一番上《いちばんうえ》に「スペースキーが押《お》されたとき」ブロックと、ペンの「全部消《ぜんぶけ》す」ブロックを組《く》めば完成《かんせい》です！　曲《きょく》の長《なが》さや、クリアしたときのセリフや音《おと》を変《か》えるなどして、自分《じぶん》なりのアレンジを楽《たの》しんでみてください。

完成《かんせい》したプログラム

きほんのプログラム

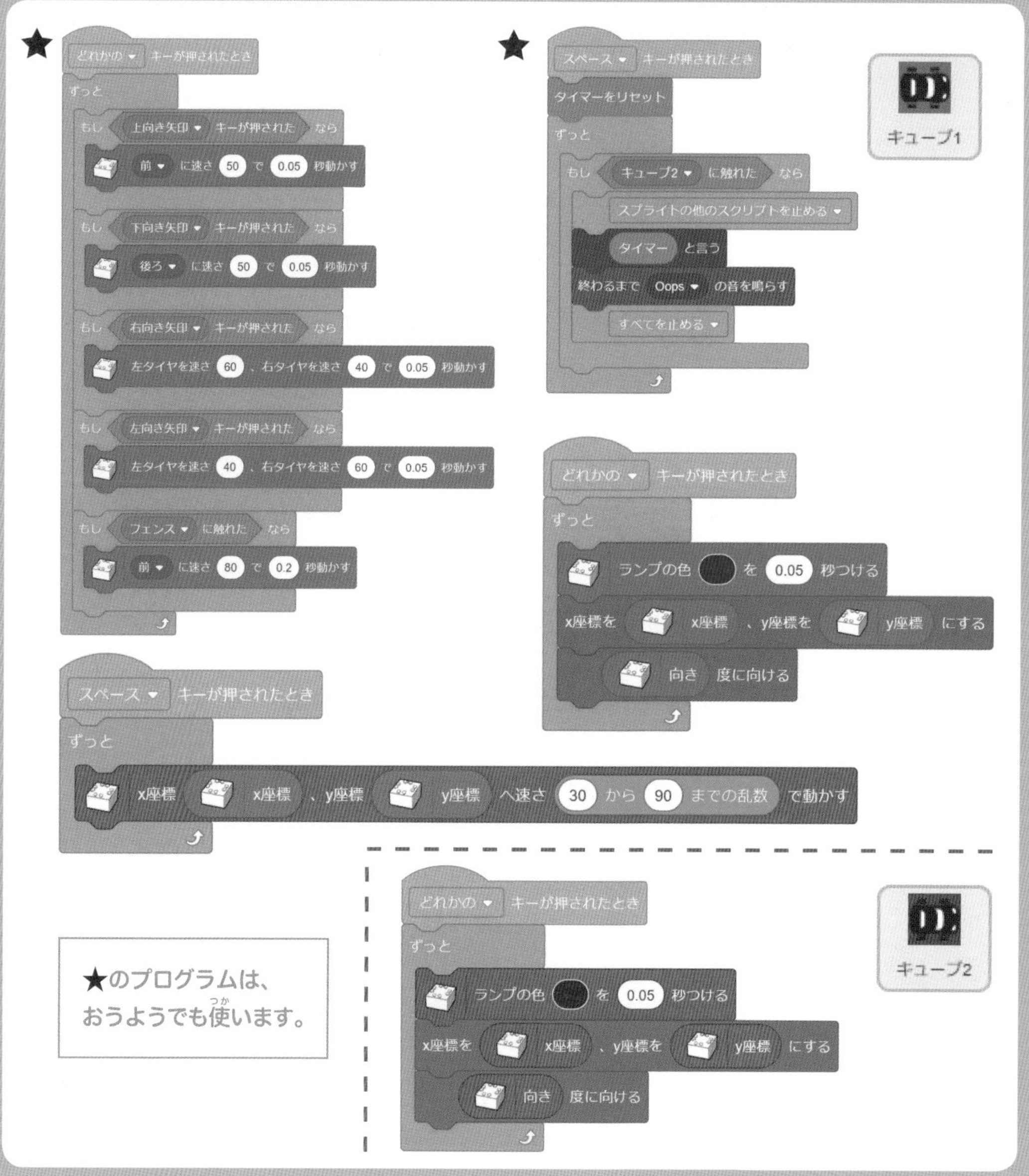
★
どれかの キーが押されたとき
ずっと
もし 上向き矢印 キーが押された なら
前 に速さ 50 で 0.05 秒動かす
もし 下向き矢印 キーが押された なら
後ろ に速さ 50 で 0.05 秒動かす
もし 右向き矢印 キーが押された なら
左タイヤを速さ 60 、右タイヤを速さ 40 で 0.05 秒動かす
もし 左向き矢印 キーが押された なら
左タイヤを速さ 40 、右タイヤを速さ 60 で 0.05 秒動かす
もし フェンス に触れた なら
前 に速さ 80 で 0.2 秒動かす
★
スペース キーが押されたとき
タイマーをリセット
ずっと
もし キューブ2 に触れた なら
スプライトの他のスクリプトを止める
タイマー と言う
終わるまで Oops の音を鳴らす
すべてを止める
キューブ1
どれかの キーが押されたとき
ずっと
ランプの色 を 0.05 秒つける
x座標を x座標 、y座標を y座標 にする
向き 度に向ける
スペース キーが押されたとき
ずっと
x座標 x座標 、y座標 y座標 へ速さ 30 から 90 までの乱数 で動かす
★のプログラムは、
おうようでも使《つか》います。
どれかの キーが押されたとき
ずっと
ランプの色 を 0.05 秒つける
x座標を x座標 、y座標を y座標 にする
向き 度に向ける
キューブ2

まとめ

これまでの作例《さくれい》ではもっとも長《なが》いプログラムになりましたが、「複製《ふくせい》」して作《つく》ることができるものも多《おお》いので、あせらずにじっくり作《つく》ってみましょう。「きほん」ができたら、「おうよう」を作《つく》る前《まえ》に、ぜひ一度《いちど》遊《あそ》んでみてください。

完成《かんせい》したプログラム

おうようプログラム

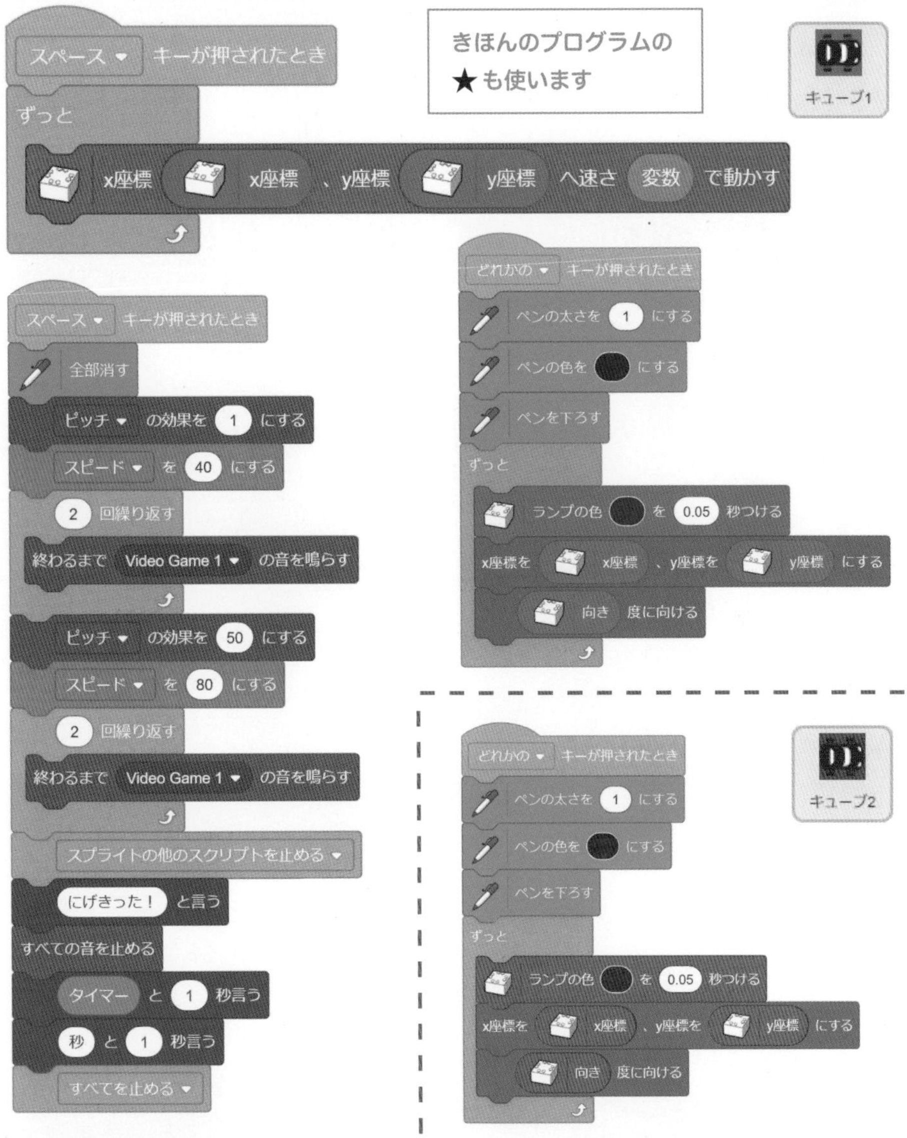
きほんのプログラムの
★も使います
キューブ1
スペース キーが押されたとき
ずっと
x座標 x座標 、y座標 y座標 へ速さ 変数 で動かす
スペース キーが押されたとき
全部消す
ピッチ の効果を 1 にする
スピード を 40 にする
2 回繰り返す
終わるまで Video Game 1 の音を鳴らす
ピッチ の効果を 50 にする
スピード を 80 にする
2 回繰り返す
終わるまで Video Game 1 の音を鳴らす
スプライトの他のスクリプトを止める
にげきった! と言う
すべての音を止める
タイマー と 1 秒言う
秒 と 1 秒言う
すべてを止める
どれかの キーが押されたとき
ペンの太さを 1 にする
ペンの色を にする
ペンを下ろす
ずっと
ランプの色 を 0.05 秒つける
x座標を x座標 、y座標を y座標 にする
向き 度に向ける
キューブ2
どれかの キーが押されたとき
ペンの太さを 1 にする
ペンの色を にする
ペンを下ろす
ずっと
ランプの色 を 0.05 秒つける
x座標を x座標 、y座標を y座標 にする
向き 度に向ける

まとめ

きほんのプログラムをかいぞうして作《つく》るので、見《み》た目《め》ほど大変《たいへん》ではありません。音楽《おんがく》を追加《ついか》してスピードを上《あ》げていけば、どんどんむずかしくできます。いろいろなアレンジを楽《たの》しんでみましょう。

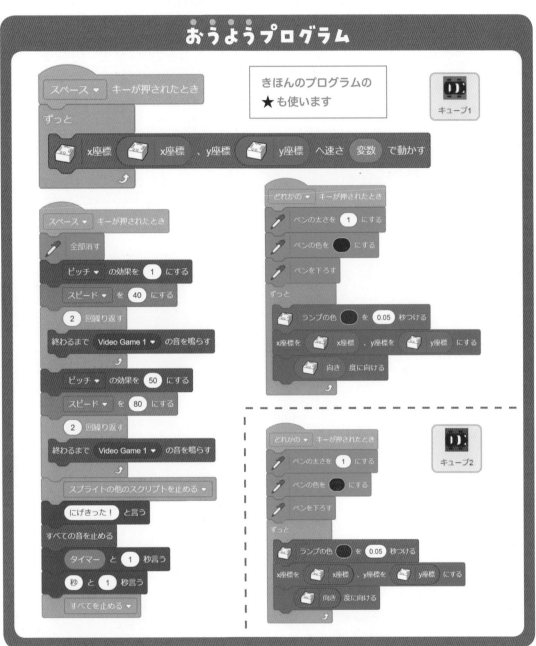

教《おし》えて！
toio博士《はかせ》

toioで学《まな》ぶ ロボット工学《こうがく》

第5話

「ロボットを作《つく》る」

- ロボット作《づく》りやせっけいにはたくさんの「もの作《づく》り」の要素《ようそ》がある
- さまざまなことを体験《たいけん》することで新《あたら》しいことに出会《であ》ってもこわくなくなる
- ロボット作《づく》りで得《え》た体験《たいけん》やちしきはしょうらいの仕事《しごと》を見《み》つける「種《たね》」になるかもしれない！

ロボットを作《つく》るのはなぜ楽《たの》しい？

ロボットはどのように作《つく》られていて、どうやってせっけいすればよいのでしょうか？

ロボットにはプログラムで作《つく》られたソフトウェアだけでなく、ロボット本体《ほんたい》の機械《きかい》や電子回路《でんしかいろ》、そしてデザインなど、とてもたくさんの「もの作《づく》り」が必要《ひつよう》です。話《はなし》をするロボットの場合《ばあい》はセリフ、作曲《さっきょく》やダンスをするにはふり付《つ》けなどの「動《うご》きのデザイン」が必要《ひつよう》ですが、ロボット作《つく》りの入《い》り口《ぐち》はどこからでも楽《たの》しめます。

自分《じぶん》で一《いち》からロボットを作《つく》るのがむずかしい場合《ばあい》は、toioをもとにオリジナルロボットを作《つく》っても、お店《みせ》で売《う》っているロボットキットやブロックを使《つか》ってもよいでしょう。

ロボット作《づく》りはしょうらいの仕事《しごと》を見《み》つける「種《たね》」になる

ロボットを作《つく》ってみると、たくさんのもの作《づく》りに出会《であ》えます。そしてじっさいに自分《じぶん》でロボットを本体《ほんたい》から組《く》み立《た》てて、動《うご》きなどをプログラミングするうちに、ハードからソフトまでのいろいろな「ようそ」をまとめあげる力《ちから》が身《み》につきます。また、新《あたら》しいことに出会《であ》ったときも「今《いま》までやったこれににているな」とこわくなくなります。これはロボット作《づく》りだけでなく、しょうらいの勉強《べんきょう》や仕事《しごと》にもつながるのです。

また、ロボット作《づく》りに出《で》てきた「ようそ」にはそれぞれせんもんの仕事《しごと》があります。少《すこ》しでもふれあっていればその楽《たの》しさをそうぞうしたり感《かん》じたりできます。その中《なか》にしょうらいの仕《し》事《ごと》の「種《たね》」を見《み》つけられるかもしれません。

作品《さくひん》を作《つく》ったり、ロボットコンテストに出《で》たりしながらさまざまな仕事《しごと》の「種《たね》」にふれあえるのも、ロボット作《づく》りの楽《たの》しさの一《ひと》つです。

作例《さくれい》⑥

むずかしさ

toioカーリングであそぼう

理科　クラブ活動

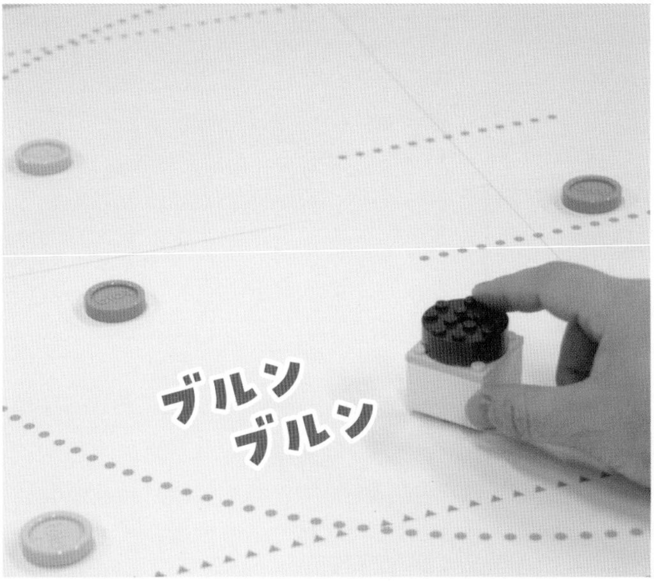

キューブを引《ひ》っぱると いきおいよく走《はし》り出《だ》すよ！

キューブをマットの上《うえ》で引《ひ》っぱり手《て》を放《はな》すと、ビューンと走《はし》り出《だ》す。だれもが一度《いちど》はあそんだことがあるおもちゃですが、ここでは、そんな「ばね」の動《うご》きをキューブのプログラムでまねしてみます。

まず「きほん」でキューブを引《ひ》っぱると走《はし》る仕《し》組《く》みを作《つく》り、それから「おうよう」で動《うご》き回《まわ》る「まと」に当《あ》てる、カーリング風《ふう》のゲームを作《つく》ってみましょう！

ばねをプログラムでさいげんしよう

作業時間《さぎょうじかん》の目安《めやす》：20〜30分

キューブを後《うし》ろに引《ひ》っぱって引《ひ》っぱって……放《はな》す！ああ、行《い》きすぎた—!!!

こんどのプログラムは「距離《きょり》」を使《つか》って、キューブを後《うし》ろに引《ひ》っぱるほど、スピートを速《はや》くするのよ！

これは「プルバック」といって、クルマのおもちゃなどによく使《つか》われているゼンマイばねみたいなしくみをプログラミングしているんだよ。
ゼンマイばねは、後《うし》ろに引《ひ》くほど力《ちから》をたくわえてそのぶん速《はや》く走《はし》ることができる。
キューブの場合《ばあい》は、「距離《きょり》」を「速《はや》さ」にしてモーターが出《だ》す力《ちから》でバネをさいげんしているのだ！

これだけは覚《おぼ》えよう！ よく使《つか》う toioのきほんプログラム

キューブの速《はや》さを変《か》えて進《すす》む／じょじょにゆっくりにして止《と》める

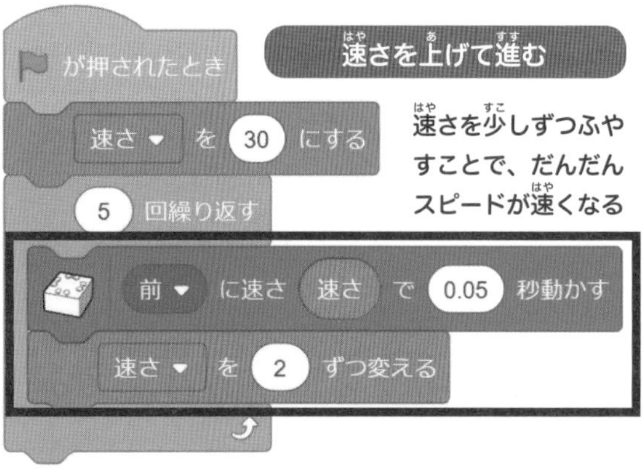
速《はや》さを上《あ》げて進《すす》む
が押されたとき
速さ を 30 にする
5 回繰り返す
前 に速さ 速さ で 0.05 秒動かす
速さ を 2 ずつ変える
速《はや》さを少《すこ》しずつふやすことで、だんだんスピードが速《はや》くなる

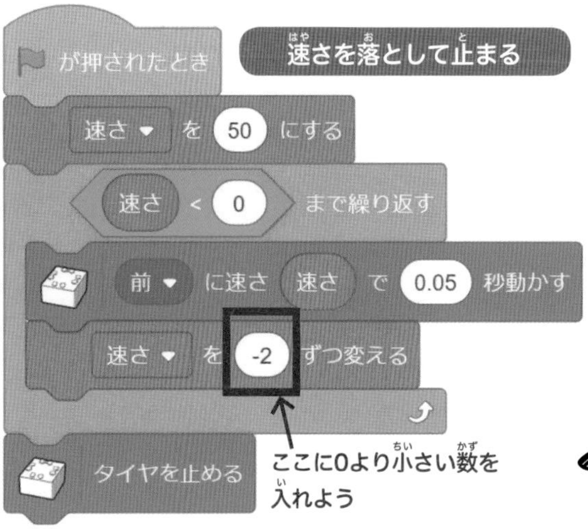
速《はや》さを落《お》として止《と》まる
が押されたとき
速さ を 50 にする
速さ < 0 まで繰り返す
前 に速さ 速さ で 0.05 秒動かす
速さ を -2 ずつ変える
タイヤを止める
ここに0より小《ちい》さい数《かず》を入《い》れよう

キューブを一定《いってい》の速《はや》さで動《うご》かすプログラムは、これまでにも作《つく》ってきましたが、ここでは「速《はや》さを変《か》えて進《すす》む」プログラムにちょうせんしましょう。方法《ほうほう》はかんたんです。「前《まえ》に速《はや》さ〇で〇秒動《びょううご》かす」プログラムを作《つく》り、速《はや》さを少《すこ》しずつ変《か》えていきます。サンプルのプログラムでは、「2」ずつふえていくので、0.05秒《びょう》ごとに「30、32、34……」と速《はや》さが変《か》わっていきます。これを繰《く》り返《かえ》しのブロックで囲《かこ》めば完成《かんせい》です。反対《はんたい》に、だんだん遅《おそ》くして止《と》めるには、速《はや》さを少《すこ》しずつへらしていきます。速《はや》さを少《すく》なくするために「-2」という0より小《ちい》さい数字《すうじ》を使《つか》います。

0より小《ちい》さい数《かず》は
「負《ふ》の数《すう》」といいます。
「−2」（マイナス2）は
0より2小《ちい》さい数《かず》ですよ！

チャレンジタイム 覚《おぼ》えたプログラムを使《つか》ってあそんでみよう♪

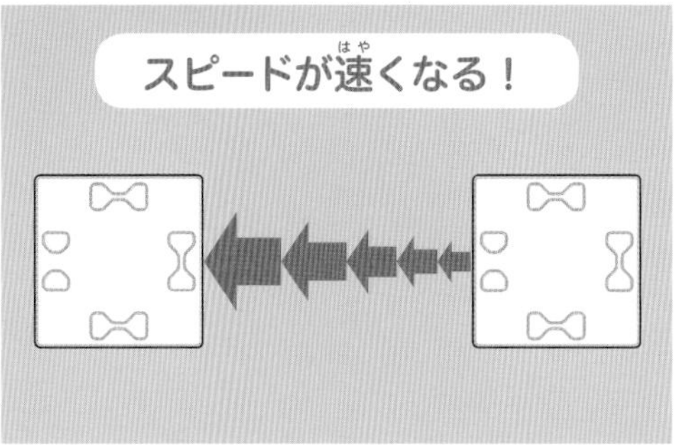
スピードが速《はや》くなる！

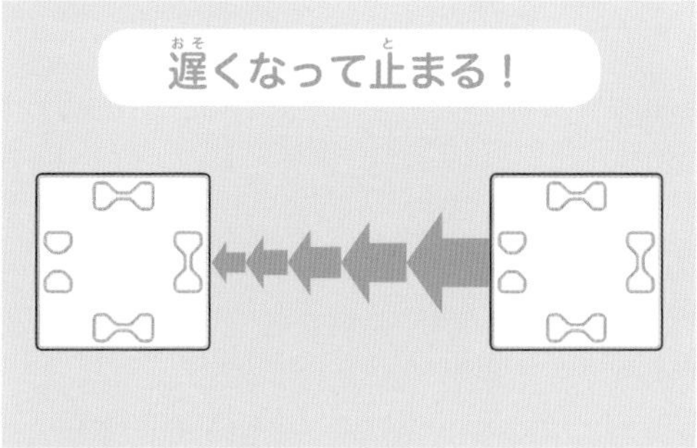
遅《おそ》くなって止《と》まる！

他《ほか》のプログラムにも組《く》み込《こ》んでみて、どう動《うご》くのか試《ため》してみましょう。

きほんのプログラミング

距離《きょり》でキューブの速《はや》さを変《か》えよう!

動《うご》かしたキューブの距離《きょり》で速《はや》さが変《か》わる!

ゼンマイばねと同《おな》じしくみで、「キューブを手《て》で動《うご》かした距離《きょり》が短《みじか》ければキューブがゆっくりと走《はし》り、距離《きょり》が長《なが》ければキューブが速《はや》く走《はし》る」というプログラムを作《つく》ってみましょう。

❶「開発者版《かいはつしゃばん》ビジュアルプログラミング」を起動《きどう》する

※作例《さくれい》5 55ページを参照《さんしょう》

「おうようプログラミング」で2台《だい》のキューブを使《つか》うため、最初《さいしょ》から「開発版《かいはつばん》 ビジュアルプログラミング」を使《つか》ってプログラミングしていきます。背景《はいけい》は好《す》きなものでよいですが、ここでは「マット」の絵《え》にしています。

❷「起点《きてん》」になるスプライトを作《つく》る

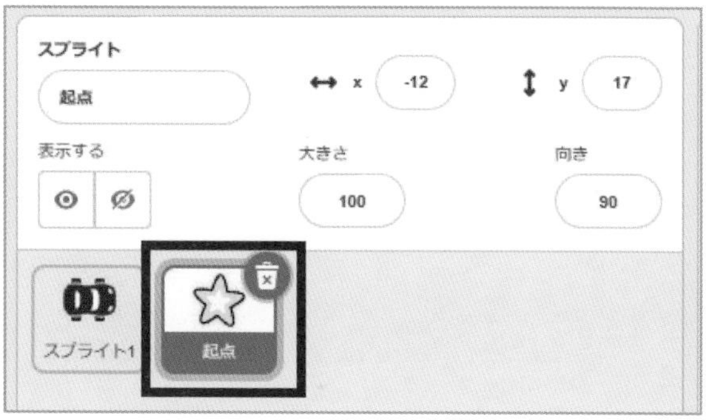

最初《さいしょ》に「起点《きてん》」のスプライトを作《つく》ります。起点《きてん》とは「出発点《しゅっぱつてん》」という意味《いみ》ですが、ここではキューブが最初《さいしょ》にマットに触《ふ》れた位置《いち》になります。起点《きてん》のスプライトで、キューブがマットに触《ふ》れたときの位置《いち》（座標《ざひょう》）と向《む》きをほぞんするプログラムを作《つく》ります。

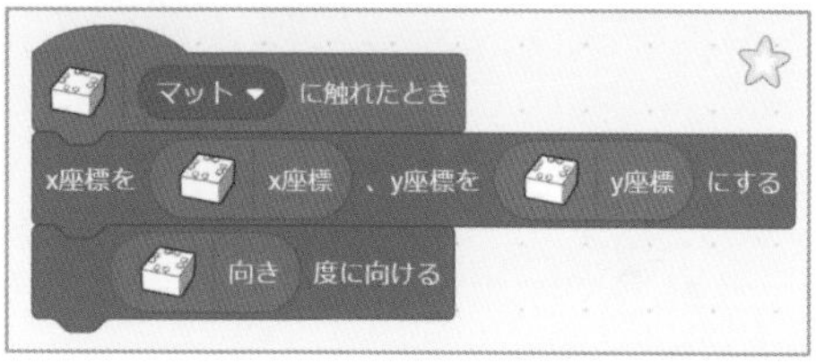

かくにん キューブを置《お》いて「起点《きてん》」をかくにんしよう

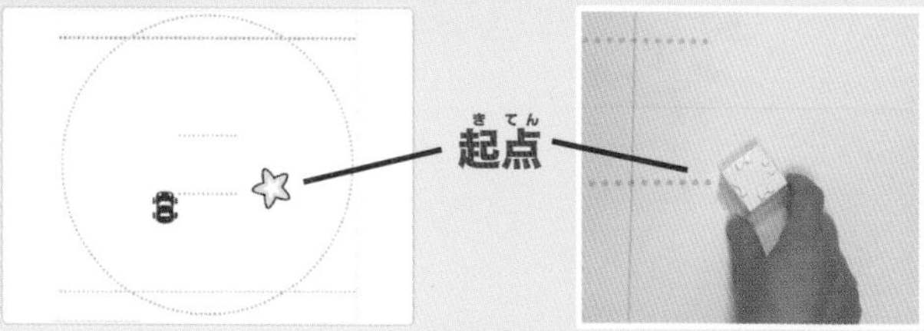

❷のプログラムができたら、じっさいにキューブをマットに置《お》いて、そのたびに起点《きてん》が動《うご》くのをかくにんしましょう。これで、起点《きてん》のスプライトのじゅんびができました。

❸ 起点《きてん》とキューブの位置《いち》を知《し》ろう

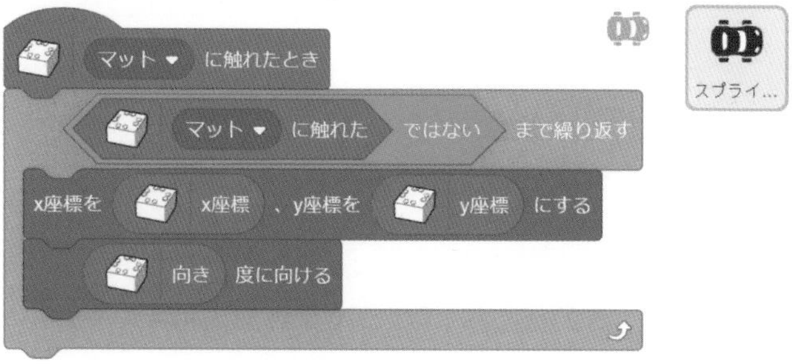

今度《こんど》は、「スプライト1」の方《ほう》で、プログラムを作《つく》ります。キューブがマットに触《ふ》れているとき、げんざいのキューブの位置《いち》と向《む》きを「スプライト1」に連動《れんどう》させます。これによって、起点《きてん》からキューブが動《うご》いたとき、起点《きてん》とげんざいのキューブの位置《いち》が、それぞれわかるようになりました。

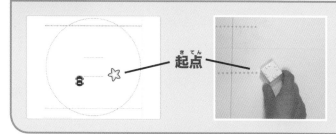

④ 変数《へんすう》「距離《きょり》」を作《つく》る

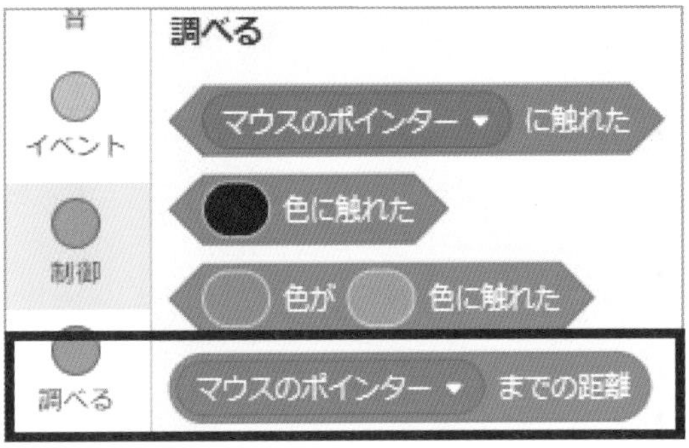
音
調べる
イベント
マウスのポインター ▼ に触れた
制御
色に触れた
色が 色に触れた
調べる
マウスのポインター ▼ までの距離

次《つぎ》に、変数《へんすう》で「距離《きょり》」を作《つく》ります。キューブがマットに触《ふ》れているとき、スプライトの「起点《きてん》」とキューブの間《あいだ》の距離《きょり》を、スプライト1の距離《きょり》にします。

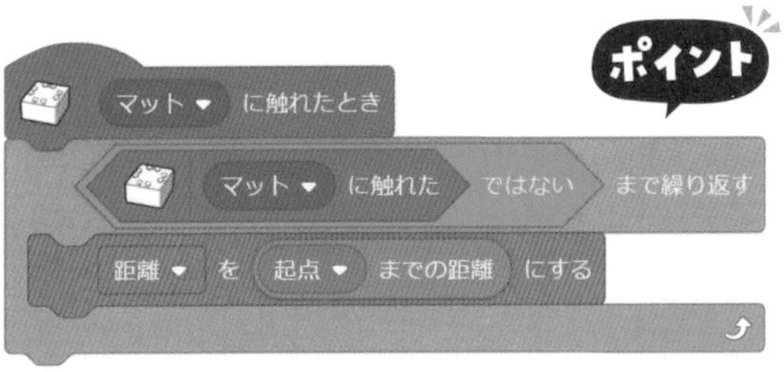
ポイント
マット ▼ に触れたとき
マット ▼ に触れた ではない まで繰り返す
距離 ▼ を 起点 ▼ までの距離 にする

実践《じっせん》 キューブとの距離《きょり》をはかろう

距離 133.215534

④までのプログラムができたら、さっそく試《ため》してみましょう。キューブをマットに置《お》いて、マットにつけたまま、キューブを動《うご》かしてみます。変数《へんすう》「距離《きょり》」がどのように変化《へんか》するのか、キューブをいろいろと動《うご》かしてみてください。

キューブをマットの上《うえ》で動《うご》かすと、
スプライトが動《うご》いて距離《きょり》が変《か》わります。

⑤ 距離《きょり》でキューブの速《はや》さを変《か》えよう

マット ▼ に触れたとき
マット ▼ に触れた ではない まで繰り返す
距離 ▼ を 起点 ▼ までの距離 にする
前 ▼ に速さ 距離 で 0.05 歩動かす
タイヤを止める

今度《こんど》は、この変数《へんすう》「距離《きょり》」を使《つか》ってキューブが動《うご》く速《はや》さを変《か》えてみましょう。toioの移動《いどう》ブロックを使《つか》って、「速《はや》さ」を変数《へんすう》の「距離《きょり》」にします。これで、毎回《まいかい》、起点《きてん》とキューブとのきょりが、そのままキューブの動《うご》く速《はや》さになります。

できたー！
……と思《おも》ったけど、
これだと、すぐに止《と》
まっちゃうよー。
どうしたらいいかな？

今《いま》のままだと、キューブが
起点《きてん》に近《ちか》づくと、距離《きょり》が
0になって止《と》まってしまう
のだ。
そこで、時間《じかん》が進《すす》むほど
キューブの速《はや》さが遅《おそ》くなる
プログラムにしてみよう。

⑥ キューブの進《すす》み方《かた》のプログラムを2つにする

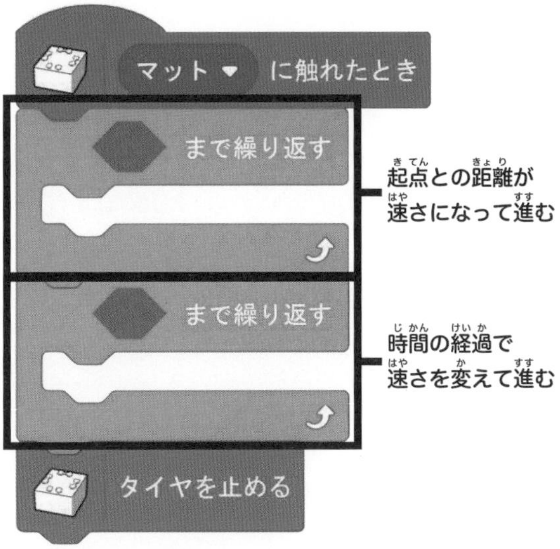
マット▼ に触れたとき
まで繰り返す
起点《きてん》との距離《きょり》が
速《はや》さになって進《すす》む
まで繰り返す
時間《じかん》の経過《けいか》で
速《はや》さを変《か》えて進《すす》む
タイヤを止める

キューブから手《て》を放《はな》した後《あと》の進《すす》み方《かた》を、2つに分《わ》けます。1つは「起点《きてん》との距離《きょり》が、速《はや》さになって進《すす》む」プログラム、もう1つは「時間《じかん》の経過《けいか》で速《はや》さを変《か》えて進《すす》む」プログラムです。

ここで、最初《さいしょ》に覚《おぼ》えた「だんだん遅《おそ》くする」のきほんプログラムを使《つか》えそうだ！

⑦ 距離《きょり》を速《はや》さにする

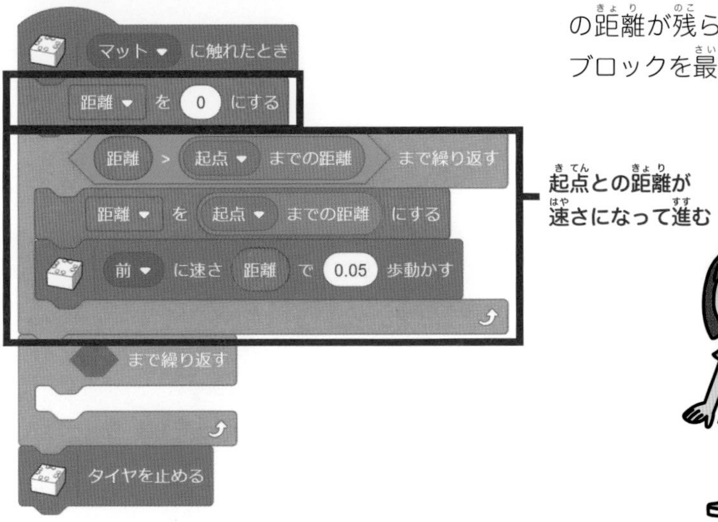
マット▼ に触れたとき
距離▼ を 0 にする
距離 > 起点▼ までの距離 まで繰り返す
距離▼ を 起点▼ までの距離 にする
前▼ に速さ 距離 で 0.05 歩動かす
起点《きてん》との距離《きょり》が
速《はや》さになって進《すす》む
まで繰り返す
タイヤを止める

1つめのプログラムから作《つく》っていきます。前《まえ》の距離《きょり》が残《のこ》らないように、「距離《きょり》を0にする」ブロックを最初《さいしょ》に追加《ついか》しておきましょう。

ここは、5まで作《つく》ったプログラムを使《つか》ってね！

⑧ 変数《へんすう》「速《はや》さ」を作《つく》る

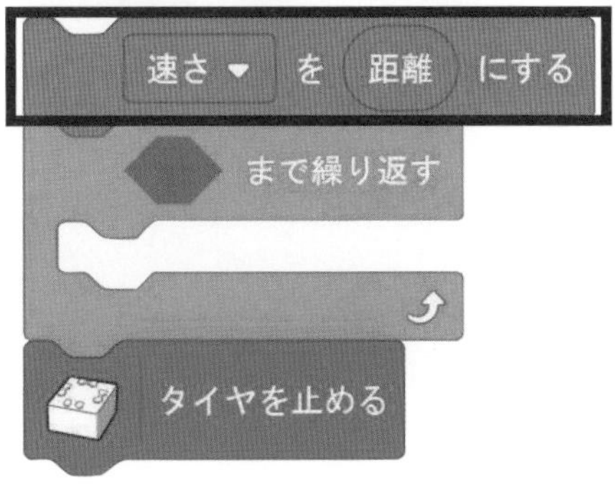
速さ▼ を 距離 にする
まで繰り返す
タイヤを止める

次《つぎ》に、2つめのプログラムを作《つく》りましょう。

変数《へんすう》「速《はや》さ」を作《つく》ります。「速《はや》さを距離《きょり》」にすることで、現在《げんざい》の速《はや》さから、じょじょに速《はや》さを落《お》としていき、最後《さいご》には止《と》まるプログラムを作《つく》ります。

❾ スプライトを追加《ついか》する

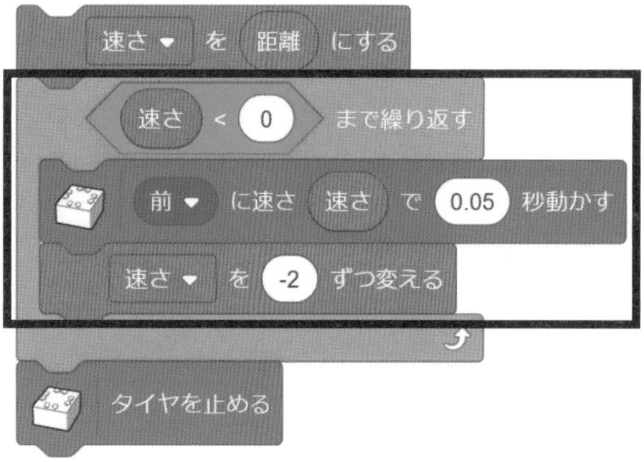

速さ を 距離 にする
速さ < 0 まで繰り返す
前 に速さ 速さ で 0.05 秒動かす
速さ を -2 ずつ変える
タイヤを止める

1つめと同《おな》じように、キューブを前《まえ》に進《すす》めるプログラムを作《つく》ります。

このとき、キューブが進《すす》む速《はや》さを、変《へん》数《すう》「速《はや》さ」にします。速《はや》さという言葉《ことば》が2つ出《で》てくるので、わかりづらいですが、変数《へんすう》「速《はや》さ」は、起点《きてん》からの距離《きょり》になります。速《はや》さを遅《おそ》くするために、「-2」ずつ遅《おそ》くなるブロックを追加《ついか》します。

❿ じょじょに遅《おそ》くなり止《と》まる動《うご》きが完成《かんせい》

スプライ…
マット に触れたとき
距離 を 0 にする
距離 > 起点 までの距離 まで繰り返す
距離 を 起点 までの距離 にする
前 に速さ 距離 で 0.05 歩動かす
速さ を 距離 にする
速さ < 0 まで繰り返す
前 に速さ 速さ で 0.05 秒動かす
速さ を -2 ずつ変える
タイヤを止める
完成《かんせい》!

❼のプログラムと、❾で作《つく》ったプログラムを合体《がったい》させます。

変数《へんすう》「速《はや》さ」をじょじょに小《ちい》さくして、「速《はや》さ」が 0 より小《ちい》さくなるまで繰《く》り返《かえ》すようになりました。

これでできほんは完成《かんせい》だ!
さっそくあそんでみよう

マットに目標《もくひょう》をおいて

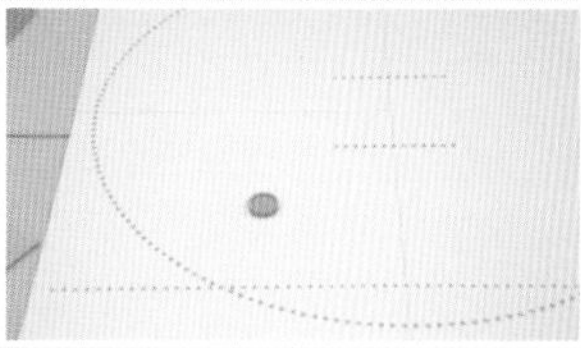

キューブを引《ひ》いて……

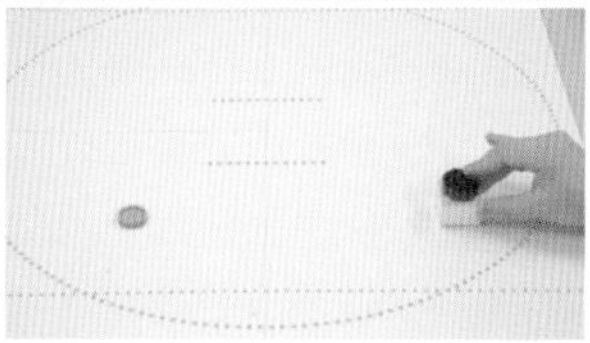

手《て》を放《はな》す!

あたった!

作《つく》ったプログラムで　あそんでみよう！

キューブを上手に動かすコツ

カーリングゲームのコツは、キューブをマットにのせたまま上手《じょうず》に後《うし》ろに引《ひ》っぱることです。とちゅうでキューブがマットからはなれてしまうと距離《きょり》をはかることができません。でも、あまり力《りょく》を入《い》れすぎるとマットがへこんでしまいます。あわてずにしっかりと引《ひ》っぱりましょう。

キューブをマットに
しっかりのせてね！

キューブを使《つか》ってゲームを作《つく》ろう！

今回《こんかい》の作例《さくれい》では「カーリングゲーム」をしょうかいしましたが、引《ひ》っぱると走《はし》るキューブの動《うご》きは、いろいろなゲームに使《つか》うことができます。身《み》の回《まわ》りにある消《け》しゴムなどの文房具《ぶんぼうぐ》やブロック、ビー玉《だま》や積《つ》み木《き》などを使《つか》って、自分《じぶん》だけのオリジナルゲームを作《つく》ってみましょう。ゲームをいくつ発明《はつめい》できるかな？

アイデア❶　ビリヤード

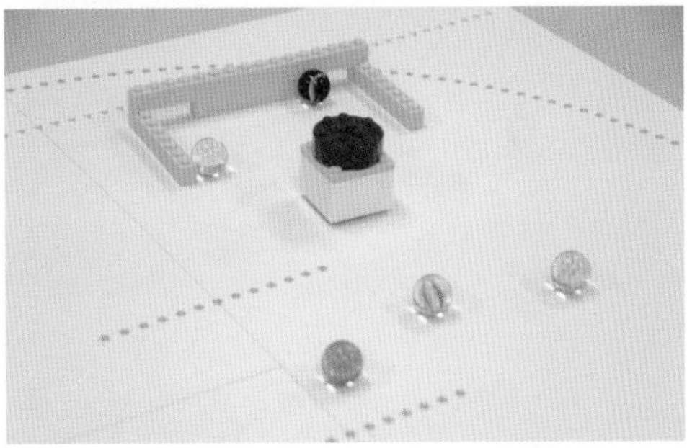

▲マットの一《いっ》か所《しょ》に、5こぐらいのビー玉《だま》をおいて、キューブをぶつけよう

アイデア❷　ボウリング

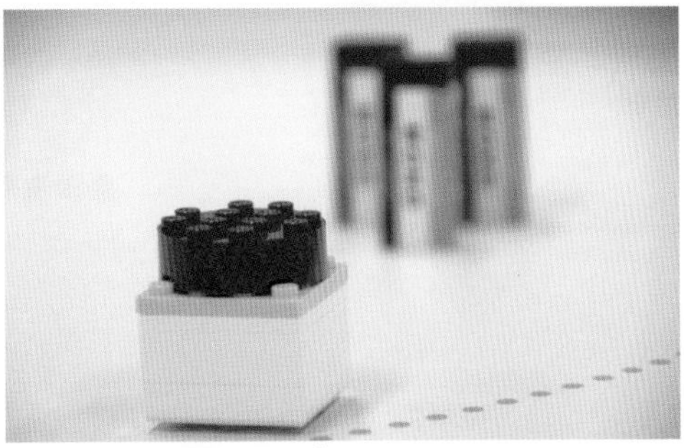

▲消《け》しゴムや箱《はこ》をピン代《が》わりにしてたくさんたおした人《ひと》が勝《か》ち！

あそびのヒント
「トイオ・コレクション」のおはじきなどを使《つか》ってみても楽《たの》しそう！

おうようプログラミング

ゲームをかいぞうしよう

2台《だい》めのキューブを追加《ついか》してゲームをむずかしくする

キューブの動《うご》きが完成《かんせい》したら、もっと楽《たの》しくあそべるように、2台《だい》めのキューブも入《い》れてかいぞうしてみましょう。これ以外《いがい》にもアイデアを思《おも》いついたら、ぜひかいぞうしてみてください！

❶ 動《うご》くターゲットを作《つく》ろう

2台《だい》めのキューブを使《つか》って、動《うご》くターゲットをプログラミングしてみましょう！ まずは、ターゲットのスプライトを追加《ついか》して、旗《はた》のボタンをおすとキューブがランダムの位置《いち》にいどうするプログラムを作《つく》ります。

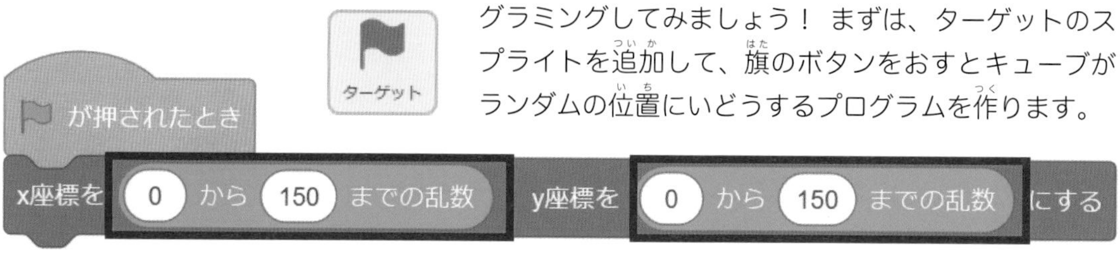

ターゲット
が押されたとき
x座標を 0 から 150 までの乱数 y座標を 0 から 150 までの乱数 にする

ポイント 「乱数《らんすう》」は、サイコロのように、決《き》まった数《かず》の中《なか》から、ランダムにせっていされる数《かず》のこと。座標《ざひょう》を乱数《らんすう》にすることで、毎回《まいかい》ターゲットの位置《いち》が変《か》わるよ。

---

❷ 2台《だい》めのキューブをターゲットにする

ここで2台《だい》めのキューブの登場《とうじょう》です！ 機能拡張《きのうかくちょう》メニューで「toio コア キューブ」を追加《ついか》します。

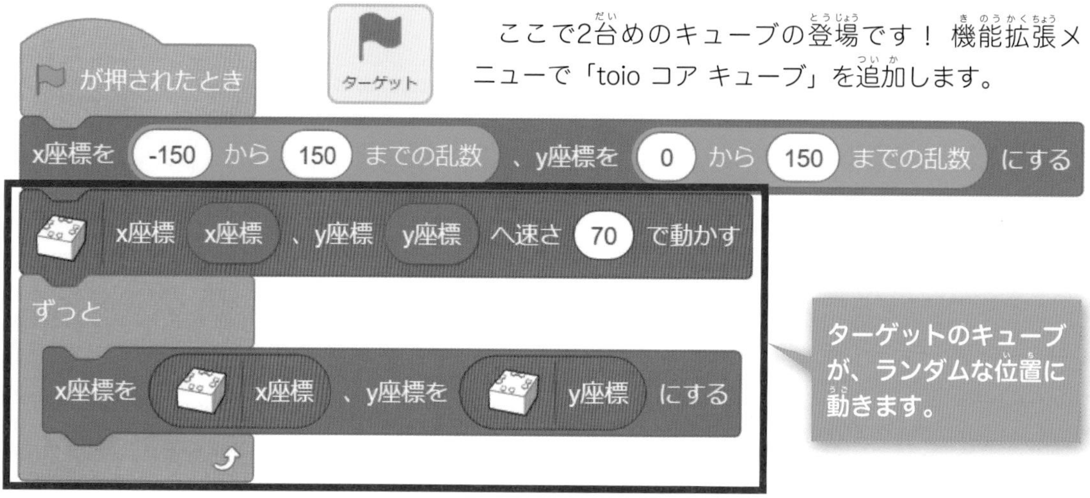

ターゲット
が押されたとき
x座標を -150 から 150 までの乱数 、y座標を 0 から 150 までの乱数 にする
x座標 x座標 、y座標 y座標 へ速さ 70 で動かす
ずっと
x座標を x座標 、y座標を y座標 にする

ターゲットのキューブが、ランダムな位置《いち》に動《うご》きます。

---

❸ 音楽《おんがく》をつけよう

ゲームに好《す》きな音楽《おんがく》をつけましょう。「スプライト1」に、ずっと音楽《おんがく》を鳴《な》らすプログラムを追加《ついか》します。

スプライ…
が押されたとき
ずっと
終わるまで Drum Jam の音を鳴らす

Bossa Nova
Cave
Chill
Classical Pi...
Cymbal Echo
Dance Aro...
Dance Cel...
Dance Chill...

音楽《おんがく》は「音《おと》」の「ループ」から選《えら》ぼう

④ キューブの速《はや》さにあわせて音楽《おんがく》のスピードも変《か》える

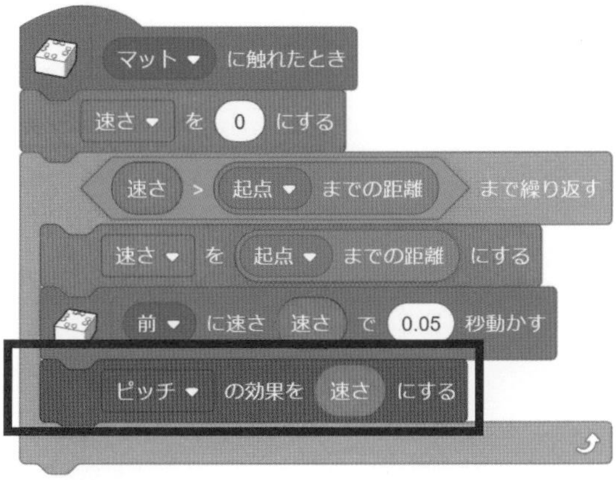

作例《さくれい》5でも出《で》てきた音《おと》の「ピッチ」を速《はや》さに合《あ》わせて変《か》えてみましょう。キューブの速《はや》さが遅《おそ》くなると、音楽《おんがく》もゆっくりになります。

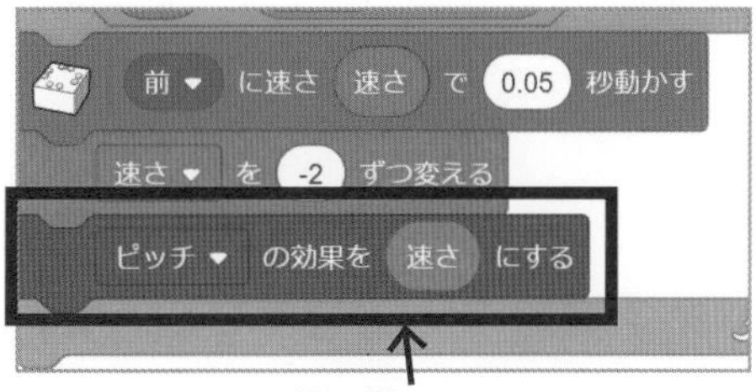

音《おと》が遅《おそ》くなるよ！

⑤ ターゲットまでの位置《いち》で勝敗《しょうはい》を決《き》める

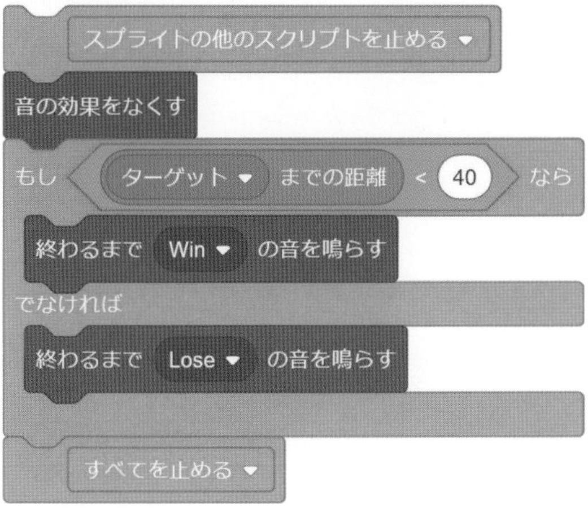

キューブをターゲットに当《あ》てたら、音楽《おんがく》を鳴《な》らすプログラムを作《つく》ります。ここでは、「止《と》まったときのターゲットまでの距離《きょり》」で、勝《か》ちか負《ま》けのはんていをします。

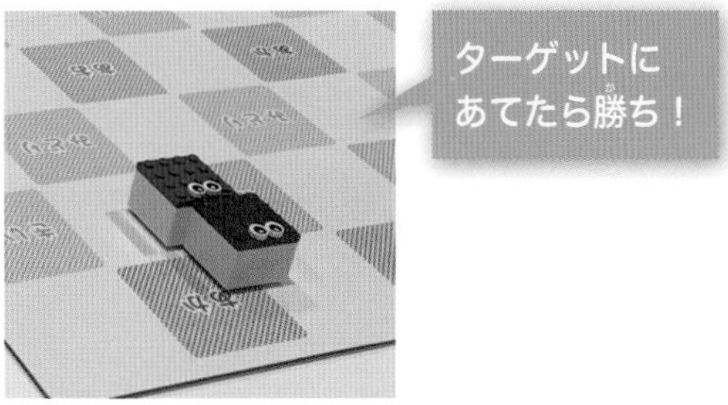

⑥ マットからはみ出《だ》したとき、タイヤを止《と》める

実際《じっさい》にキューブを動《うご》かしてみると、いきおいあまってマットの外《そと》に出《で》てしまうこともあります。そこで、マットから出《で》たらキューブのタイヤを止《と》めるプログラムを追加《ついか》してみました。「マットの外《そと》に出《で》る」＝「マットに触《ふ》れていない」として、条件《じょうけん》を追加《ついか》しています。

❼ 作《つく》ったプログラムをまとめて完成《かんせい》！

❸から❻までに作《つく》ったプログラムを、左《ひだり》のようにまとめます。きほんのプログラムでは、最《さい》後《ご》に「タイヤを止《と》める」にしていましたが、音《おん》楽《がく》を入《い》れたため、ここでは最《さい》後《ご》が「すべてを止《と》める」になっています。

もっとやってみたい人《ひと》は、このプログラムにチャレンジ！

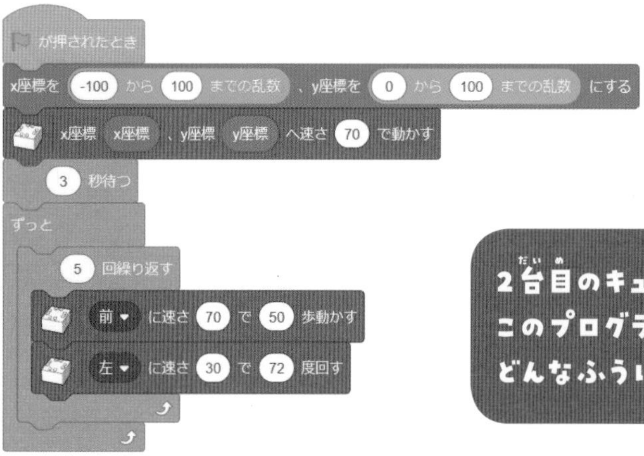

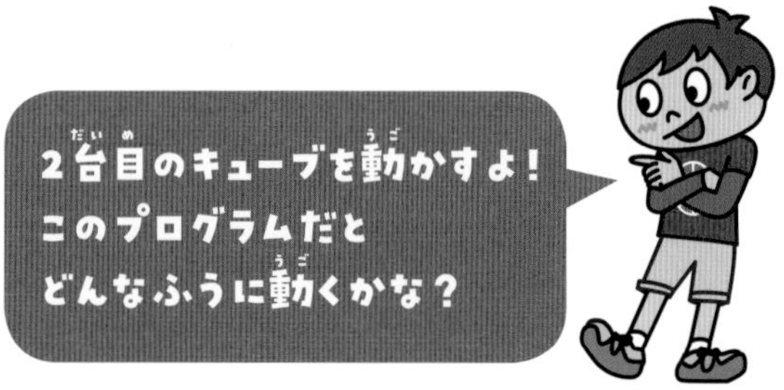

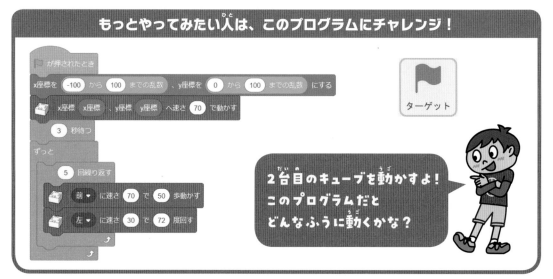

完成《かんせい》したプログラム

きほんのプログラム

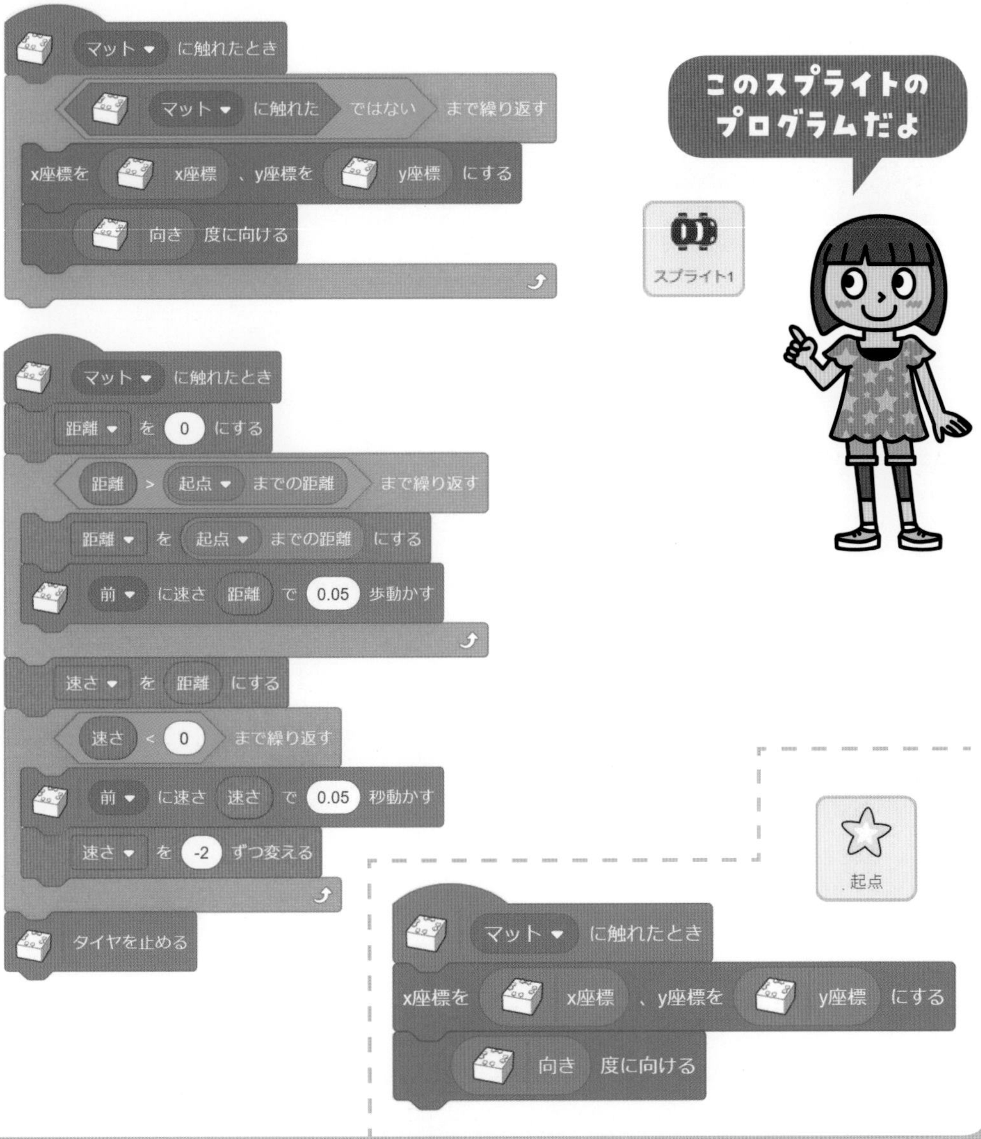
マット ▾ に触れたとき
マット ▾ に触れた ではない まで繰り返す
x座標を x座標 、y座標を y座標 にする
向き 度に向ける
このスプライトのプログラムだよ
スプライト1
マット ▾ に触れたとき
距離 ▾ を 0 にする
距離 > 起点 ▾ までの距離 まで繰り返す
距離 ▾ を 起点 ▾ までの距離 にする
前 ▾ に速さ 距離 で 0.05 歩動かす
速さ ▾ を 距離 にする
速さ < 0 まで繰り返す
前 ▾ に速さ 速さ で 0.05 秒動かす
速さ ▾ を -2 ずつ変える
タイヤを止める
起点
マット ▾ に触れたとき
x座標を x座標 、y座標を y座標 にする
向き 度に向ける

まとめ

起点《きてん》からの距離《きょり》を使《つか》ってばねをさいげんするという、ちょっとむずかしいプログラムにちょうせんしました。1つのプログラムができたら、じっさいにどのような動《うご》きになるのか、試《ため》しながら進《すす》めてみましょう。

完成《かんせい》したプログラム

おうようプログラム

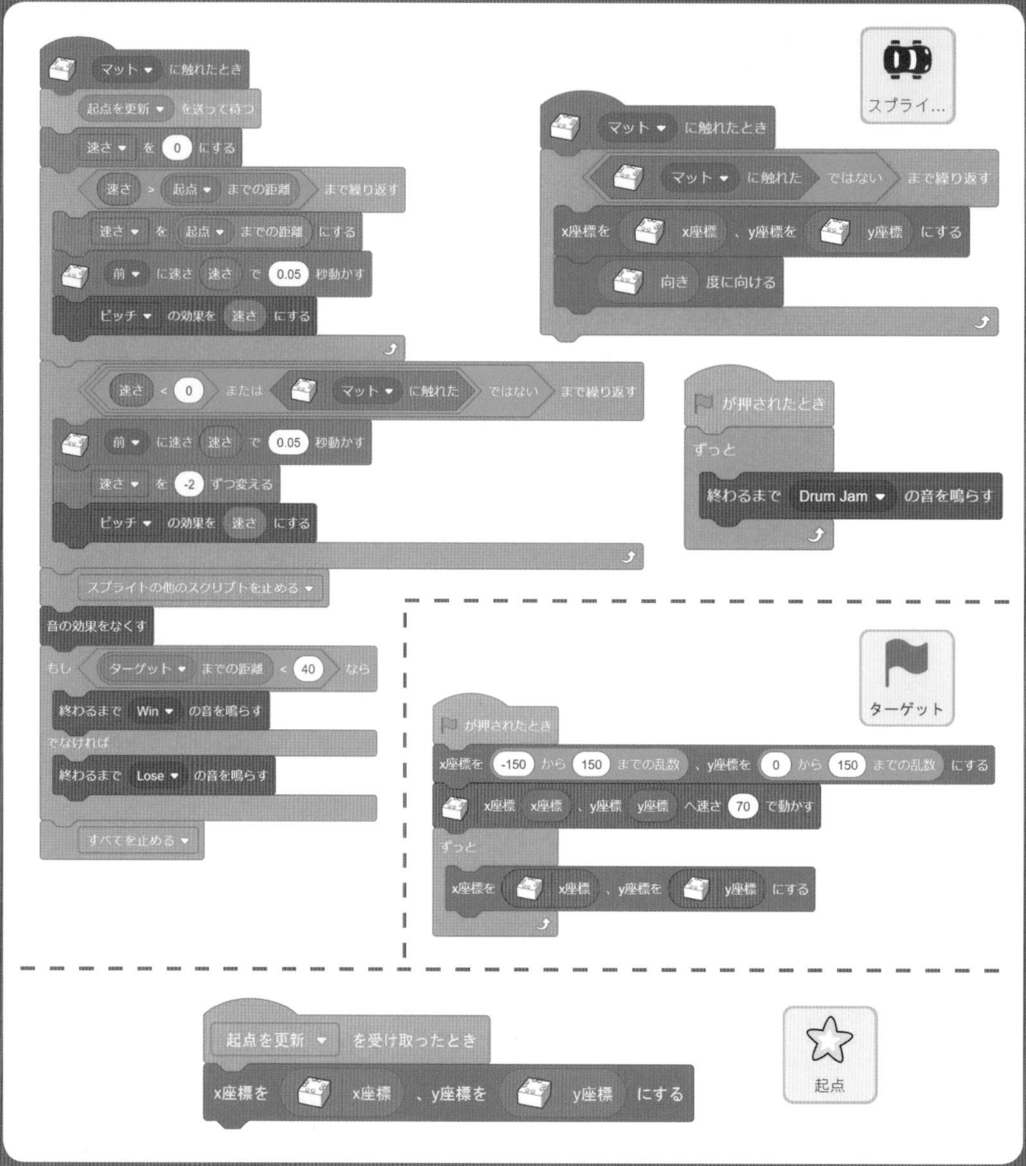
マット に触れたとき
起点を更新 を送って待つ
速さ を 0 にする
速さ > 起点 までの距離 まで繰り返す
速さ を 起点 までの距離 にする
前 に速さ 速さ で 0.05 秒動かす
ピッチ の効果を 速さ にする
速さ < 0 または マット に触れた ではない まで繰り返す
前 に速さ 速さ で 0.05 秒動かす
速さ を -2 ずつ変える
ピッチ の効果を 速さ にする
スプライトの他のスクリプトを止める
音の効果をなくす
もし ターゲット までの距離 < 40 なら
終わるまで Win の音を鳴らす
でなければ
終わるまで Lose の音を鳴らす
すべてを止める
スプライ…
マット に触れたとき
マット に触れた ではない まで繰り返す
x座標を x座標 、y座標を y座標 にする
向き 度に向ける
が押されたとき
ずっと
終わるまで Drum Jam の音を鳴らす
ターゲット
が押されたとき
x座標を -150 から 150 までの乱数 、y座標を 0 から 150 までの乱数 にする
x座標 x座標 、y座標 y座標 へ速さ 70 で動かす
ずっと
x座標を x座標 、y座標を y座標 にする
起点を更新 を受け取ったとき
x座標を x座標 、y座標を y座標 にする
起点

まとめ

おうようでは、きほんのプログラムをかいぞうして、ゲームらしい楽《たの》しさをたくさんもりこんでみました。とくに、ターゲットとなるキューブの動《うご》きを変《か》えることで、むずかしさも変《か》わってきます。どんな動《うご》きをさせたらおもしろいか考《かんが》えて、自分《じぶん》のアイデアを試《ため》してみましょう！

教《おし》えて！
toio博士《はかせ》

toioで学《まな》ぶ
ロボット工学《こうがく》

第6話

「人《ひと》の仕事《しごと》、
コンピューターの仕事《しごと》」

- **コンピューターのやっている計算《けいさん》はもともとは人間《にんげん》の「計算手《けいさんしゅ》」がやっていたことだった！**
- **コンピューターのせいのうが上《あ》がったのはたくさんの科学者《かがくしゃ》やエンジニアがちえを出《だ》し合《あ》ってきたから**
- **コンピューターは人間《にんげん》とちがって何度《なんど》でも同《おな》じ作業《さぎょう》をまちがえずにくり返《かえ》すことができる**

「コンピューター」は昔《むかし》、人間《にんげん》だった!?

「コンピューター」とは、昔《むかし》、日本語《にほんご》で「計《けい》算手《さんしゅ》」とよばれる人《ひと》のことでした。昔《むかし》はプログラミングだけでなく計算《けいさん》も人《ひと》の仕事《しごと》でした。「げんだいの計算機《けいさんき》」＝「コンピューター」は、もともと人間《にんげん》が行《おこな》っていたことを機械《きかい》におきかえることから始《はじ》まったのです。

コンピューターやロボットと人《ひと》とのやくわりぶんたんは時代《じだい》とともに大《おお》きく変化《へんか》しています。

コンピューターののうりょくを作《つく》るのはだれ？

現代《げんだい》のコンピューターは、人間《にんげん》にはとてもできないようなふくざつな計算《けいさん》ができます。ここまですごいことができるようになったのは、多《おお》くの人々《ひとびと》の努力《どりょく》と発明《はつめい》によって、さまざまなプログラムの作《つく》り方《かた》やしょりのしかたなどが試《ため》され、もっともよいものが選《えら》ばれてきた結果《けっか》なのです。

コンピューターのプログラムは「同《おな》じ条件《じょうけん》のものを、同《おな》じように」くり返《かえ》し実行《じっこう》できます。人間《にんげん》のようにくり返《かえ》しても結果《けっか》に差《さ》が出《で》ることがありません。そのため、何《なに》かプログラムを変《か》えたときの結果《けっか》がひかくしやすく、同《おな》じ条件《じょうけん》で多《おお》くの人々《ひとびと》の方法《ほうほう》を試《ため》し、よりよい方法《ほうほう》を選《えら》ぶことができます。これにより、どの方法《ほうほう》が速《はや》いのか、少《すく》ない手数《てかず》ですむのかなど、「計算《けいさん》やしょりのしかた」（アルゴリズム）をせんれんすることができるのです。

げんざいでは、コンピューターが自分《じぶん》でプログラムやアルゴリズムを作《つく》る仕組《しく》みも考《かんが》えられていますが、その仕組《しく》みを作《つく》っているのは、「こういうものがほしい！」と考《かんが》えて、コンピューターを使《つか》いこなす「人《ひと》」なのです。

むずかしさ

作例《さくれい》⑦

英単語《えいたんご》クイズにチャレンジ！

英語　クラブ活動

英語《えいこ》のクイズに答《こた》えて高得点《こうとくてん》をめざそう！

ここからは上級《じょうきゅう》へんとして、完成《かんせい》プログラムとヒントのみをしょうかいしていきます。

音声《おんせい》で英単語《えいたんご》の問題《もんだい》が出《だ》されるので、正《ただ》しい答《こた》えをキューブでタッチするゲームを作《つく》ります。英語《えいご》にくわしくなくても、ビジュアルプログラミングの「音声合成《おんせいごうせい》」や「翻訳《ほんやく》」などの機能《きのう》を使《つか》えば、かんたんにゲームが作《つく》れます！

ゲームで英語《えいご》をおぼえよう

作業時間《さぎょうじかん》の目安《めやす》：30～40分

えーと、cat《キャット》はネコ！　fox《フォックス》は……？？

どうしたの？
英語《えいご》の練習中《れんしゅうちゅう》？

Yes《イエス》！　ゲームで英単語《えいたんご》をおぼえてるんだよ

ここまでよくがんばってきたね！
ここからは、完成《かんせい》したプログラムを見《み》て、
そのしくみを考《かんが》えながら作《つく》ってみてほしい。
今《いま》までに学《まな》んできたいろいろなプログラムや
考《かんが》え方《かた》を使《つか》えば、必《かなら》ずできるぞ！

これだけは覚《おぼ》えよう！ よく使《つか》う toioのきほんプログラム

キューブがマットに触《ふ》れていないときは、スプライトを隠《かく》す

マットに触《ふ》れたときだけ、キューブの位置《いち》と画面《がめん》の位置《いち》を知《し》らせるプログラムは、これまでの作例《さくれい》でずっと使《つか》ってきました。でも、このままではスプライトがずっと表示《ひょうじ》されたままになります。最後《さいご》に「隠《かく》す」ブロックを追加《ついか》すれば、キューブがマットに触《ふ》れたときだけスプライトが画面《がめん》に表示《ひょうじ》され、マットの位置《いち》を画面《がめん》の位置《いち》と連動《れんどう》させることができます。

CHECKPOINT「ビジュアルプログラミング」の機能《きのう》

スプライトのクローンを作《つく》る

「クローン」とは、ひとつのスプライトと同《おな》じ動《うご》きをしてくれる便利《べんり》なものです。スプライトをコピーしても同《おな》じことができますが、クローンは、プログラムが動《うご》いているときだけ表示《ひょうじ》され、プログラムが止《と》まるとなくなります。

音声合成《おんせいごうせい》と翻訳《ほんやく》

ビジュアルプログラミングの拡張機能《かくちょうきのう》に、「音声合成《おんせいごうせい》」と「翻訳《ほんやく》」があります。英語《えいご》を知《し》らなくても、「翻訳《ほんやく》」機能《きのう》を使《つか》ってプログラミングすれば、英語《えいご》でいろいろな言葉《ことば》を音声《おんせい》で話《はな》すプログラムをかんたんに作《つく》ることができます。

リストを作《つく》る

「+」を押《お》して追加《ついか》しよう

リストとは、変数《へんすう》を追加《ついか》したりへんこうできる“変数《へんすう》のまとまり”のことです。「変数《へんすう》」にある「リストを作《つく》る」ブロックで、好《す》きな名前《なまえ》のリストを作《つく》ることができます。このゲームでは、多《おお》くの英単語《えいたんご》を入《い》れた「単語《たんご》リスト」を作《つく》り、そこからランダムで問題《もんだい》を出《だ》すようにプログラムしました。

完成《かんせい》したプログラム

きほんのプログラム

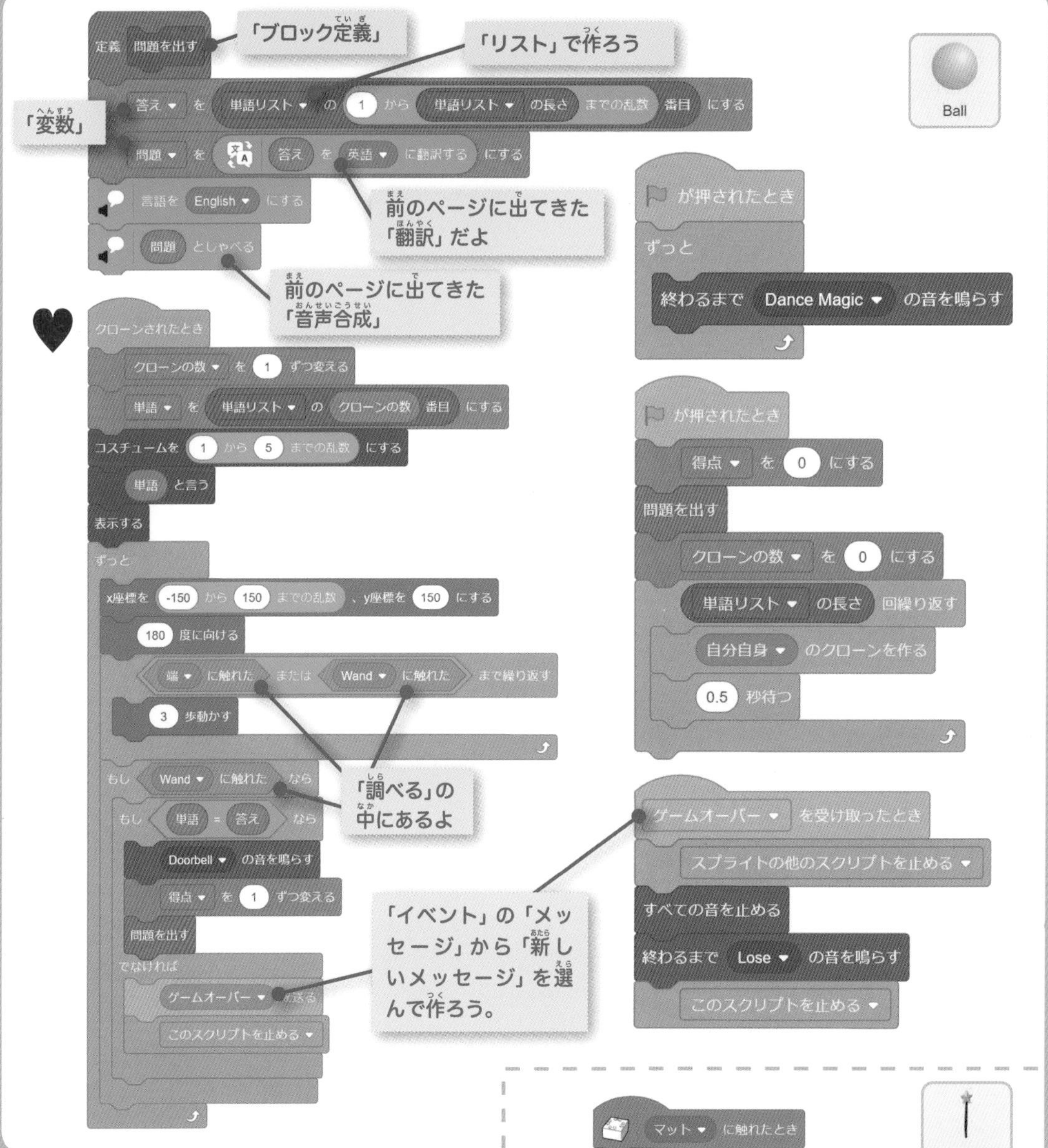

定義 問題を出す
「ブロック定義《ていぎ》」
「リスト」で作《つく》ろう
「変数《へんすう》」
答え を 単語リスト の 1 から 単語リスト の長さ までの乱数 番目 にする
問題 を 答え を 英語 に翻訳する にする
言語を English にする
問題 としゃべる
前《まえ》のページに出《で》てきた「翻訳《ほんやく》」だよ
前《まえ》のページに出《で》てきた「音声合成《おんせいごうせい》」
Ball
が押されたとき
ずっと
終わるまで Dance Magic の音を鳴らす
クローンされたとき
クローンの数 を 1 ずつ変える
単語 を 単語リスト の クローンの数 番目 にする
コスチュームを 1 から 5 までの乱数 にする
単語 と言う
表示する
ずっと
x座標を -150 から 150 までの乱数 、y座標を 150 にする
180 度に向ける
端 に触れた または Wand に触れた まで繰り返す
3 歩動かす
もし Wand に触れた なら
もし 単語 = 答え なら
Doorbell の音を鳴らす
得点 を 1 ずつ変える
問題を出す
でなければ
ゲームオーバー を送る
このスクリプトを止める
「調《しら》べる」の中《なか》にあるよ
が押されたとき
得点 を 0 にする
問題を出す
クローンの数 を 0 にする
単語リスト の長さ 回繰り返す
自分自身 のクローンを作る
0.5 秒待つ
ゲームオーバー を受け取ったとき
スプライトの他のスクリプトを止める
すべての音を止める
終わるまで Lose の音を鳴らす
このスクリプトを止める
「イベント」の「メッセージ」から「新《あたら》しいメッセージ」を選《えら》んで作《つく》ろう。

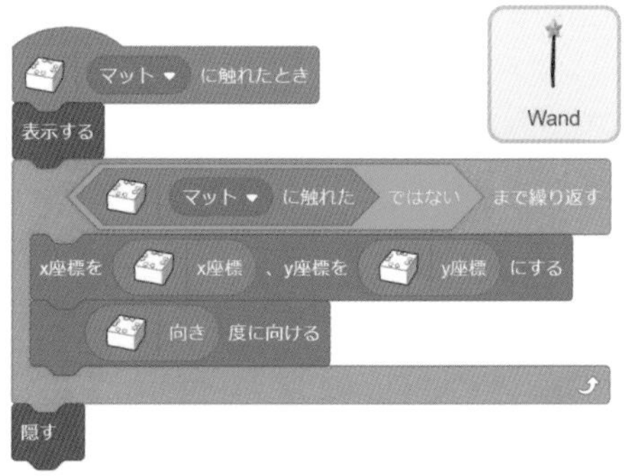

Wand
マット に触れたとき
表示する
マット に触れた ではない まで繰り返す
x座標を x座標 、y座標を y座標 にする
向き 度に向ける
隠す

まとめ

英単語《えいたんご》のリストを入《い》れかえることで、いつでも新《あたら》しい問題《もんだい》にチャレンジできます。

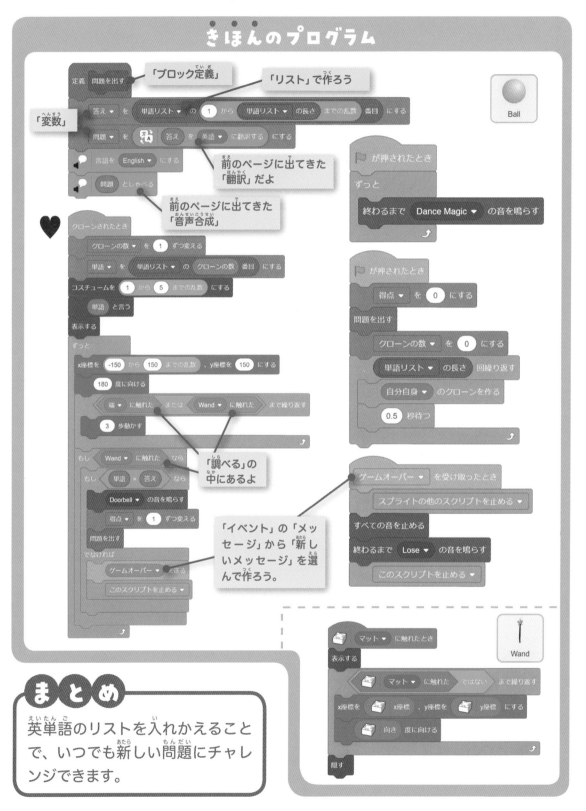

作《つく》ったプログラムで あそんでみよう！

英単語《えいたんご》ゲームのあそびかた

　このゲームでは、キューブはゲームコントローラーの役目《やくめ》をしています。このように、キューブをプログラミングして動《うご》かすだけでなく、コントローラーのような使《つか》い方《かた》があることを覚《おぼ》えておきましょう。ゲームの主役《しゅやく》にもなるけれど、わき役《やく》としてゲームをささえることもできるのが、toioプログラミングならではのおもしろいところです。

あそびのヒント

単語《たんご》を歴史《れきし》の年号《ねんごう》にしたら「社会科《しゃかいか》」でも使《つか》えそう！ プログラムはどう変《か》わるかな？

キューブをマットに置《お》く

▲キューブをマットにタッチさせやすいように、片手《かたて》で持《も》ちます。

「旗《はた》」ボタンでゲームスタート

▲ゲームが始《はじ》まったらキューブを動《うご》かして、正《ただ》しい答《こた》えにすばやくタッチしましょう。

単語《たんご》リストをかえて、他《ほか》のゲームをつくろう

　きほんのゲームでは上《うえ》からどんどん単語《たんご》が落《お》ちてくるゲームになっていましたが、これを横《よこ》から単語《たんご》が出てくるようにしたら、どんなゲームになるでしょうか？　右《みぎ》の図《ず》のように、背景《はいけい》やスプライトも変《か》えれば、うちゅうをぶたいにしたシューティングゲームのような仕上《しあ》がりになります。ゲームをあそびながら、「こうなったら、おもしろいかな？」と思《おも》ったことは、どんどん試《ため》してみてください。

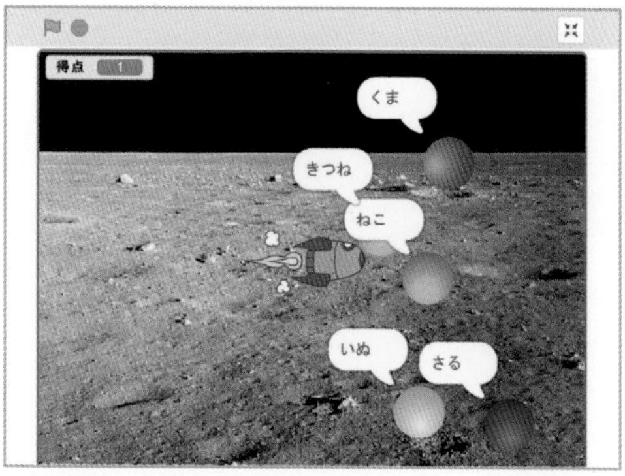

▲英単語《えいたんご》ゲームを、横《よこ》スクロールのシューティングゲームふうにアレンジ。自分《じぶん》の好《この》みで、いろいろとかいぞうしてみましょう。

完成《かんせい》したプログラム

おうようプログラム

きほんの♥のプログラムをかきかえてね。それ以外《いがい》はそのまま使《つか》うよ。

ボールのプログラム

Ball

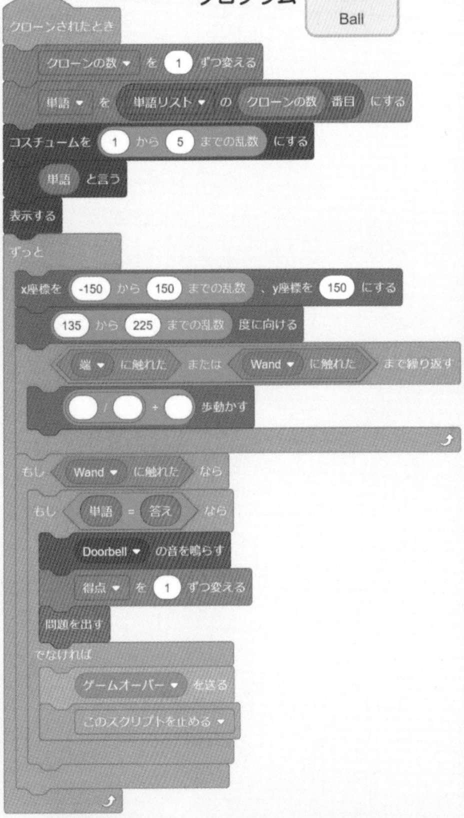
クローンされたとき
クローンの数 を 1 ずつ変える
単語 を 単語リスト の クローンの数 番目 にする
コスチュームを 1 から 5 までの乱数 にする
単語 と言う
表示する
ずっと
x座標を -150 から 150 までの乱数 、y座標を 150 にする
135 から 225 までの乱数 度に向ける
端 に触れた または Wand に触れた まで繰り返す
/ + 歩動かす
もし Wand に触れた なら
もし 単語 = 答え なら
Doorbell の音を鳴らす
得点 を 1 ずつ変える
問題を出す
でなければ
ゲームオーバー を送る
このスクリプトを止める

背景《はいけい》やキャラクターを変《か》えると別《べつ》のゲームになるのが面白《おもしろ》いわね！

教《おし》えて！toio博士《はかせ》

toioで学《まな》ぶロボット工学《こうがく》

第7話

「アルゴリズムって何《なに》？」

●アルゴリズムはロボットだけでなく生活《せいかつ》の中《なか》でも役《やく》に立《た》っている！

「アルゴリズム」って、聞《き》いたことがありますか？　「アルゴリズム」がつく有名《ゆうめい》な「たいそう」もありますよね。

アルゴリズムとは、コンピューターなどで計算《けいさん》するための「手順《てじゅん》」や「やり方《かた》」ですが、実《じつ》は人《ひと》が計算《けいさん》するときにもアルゴリズムを使《つか》います。一番身近《いちばんみぢか》で有名《ゆうめい》なのが「筆算《ひっさん》」の計算方法《けいさんほうほう》でしょう。例《たと》えば3けたどうしのかけ算《ざん》を暗算《あんざん》で行《おこな》うのは大変《たいへん》ですが、筆算《ひっさん》を使《つか》うと、1けたのかけ算《ざん》と2けたまでの足《た》し算《ざん》をくり返《かえ》すことで計算《けいさん》できてしまいます。この手順《てじゅん》はまさに「筆算《ひっさん》のアルゴリズム」です。

ロボットを動《うご》かすのにも、たくさんのアルゴリズムが使《つか》われています。ロボットが人《ひと》とぶつかりそうになったとき、どうすればよいでしょうか？　ロボットがめいろのような道《みち》でまよったとき、どうすれば目的地《もくてきち》に行《い》けるでしょうか？　こういった、人《ひと》がなんとなく行《おこな》っている行動《こうどう》も、ロボットにはアルゴリズムとして手順《てじゅん》を教《おし》える必要《ひつよう》があります。

せんれんされた「めいろをぬける」アルゴリズムはロボットだけでなくカーナビやおそうじロボットに、「暗号《あんごう》」のアルゴリズムはお金《かね》のしはらいに、など、実《じつ》は生活《せいかつ》の中《なか》でたくさん役《やく》に立《た》っています。ぜひ、自分《じぶん》でもアルゴリズムについて調《しら》べてみましょう！

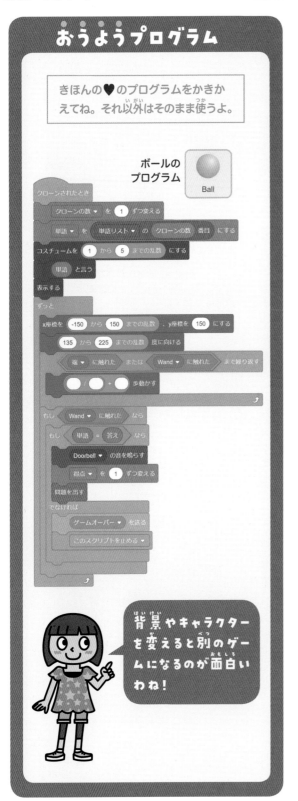

作例《さくれい》 8

むずかしさ

おそうじロボットを作《つく》ろう

総合的な学習の時間　クラブ活動

しょうがい物《ぶつ》をよけて進《すす》む 自動《じどう》おそうじロボットを作《つく》ろう！

最後《さいご》にしょうかいする作例《さくれい》は「おそうじロボット」です。マットの上《うえ》を動《うご》き回《まわ》るキューブが、かべやものにぶつかったら自分《じぶん》で向《む》きを変《か》えて、また動《うご》き回《まわ》ります。センサーでしょうがい物《ぶつ》を見《み》つけてロボットが自分《じぶん》で行《い》き先《さき》を変《か》えることを「自動《じどう》せいぎょ」といいます。これは人《ひと》の役《やく》に立《た》つロボットには欠《か》かせません。プログラムは少《すこ》しむずかしくなりますが、がんばって「ロボット工学《こうがく》のきほん」を体験《たいけん》してみましょう。

キューブがそうじロボットに変身《へんしん》！

作業時間《さぎょうじかん》の目安《めやす》：30〜40分

ランランラン♪　おそうじって楽《たの》しい〜！

それは……もしかして!?

じゃーん！　おそうじロボットです〜！
カベにぶつかると、自分《じぶん》でよけて動《うご》いてくれる
かしこい子《こ》なの

作例《さくれい》のラストをかざるにふさわしい大作《たいさく》の登場《とうじょう》だ！
おなじみのそうじロボットを、toioで作《つく》ってみよう。
しょうがい物《ぶつ》をよけて動《うご》くプログラムも、今《いま》までの
けいけんをもとに作《つく》ることができるぞ！
ぜひ楽《たの》しんで作《つく》ってみよう。

これだけは覚《おぼ》えよう！ よく使《つか》う toioのきほんプログラム

しょうがい物《ぶつ》にぶつかったら、キューブの向《む》きを変《か》えて進《すす》ませる

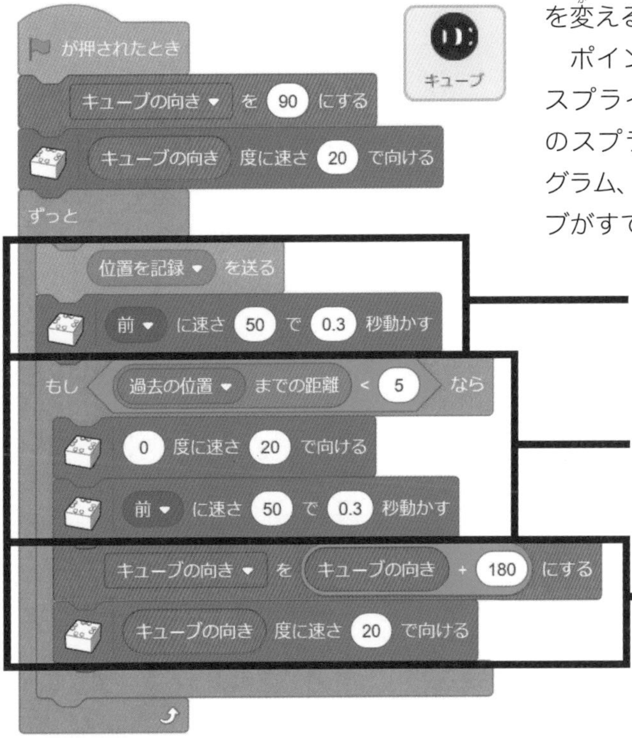
キューブ
が押されたとき
キューブの向き を 90 にする
キューブの向き 度に速さ 20 で向ける
ずっと
位置を記録 を送る
前 に速さ 50 で 0.3 秒動かす
もし 過去の位置 までの距離 < 5 なら
0 度に速さ 20 で向ける
前 に速さ 50 で 0.3 秒動かす
キューブの向き を キューブの向き + 180 にする
キューブの向き 度に速さ 20 で向ける

今回《こんかい》のおそうじロボットの最大《さいだい》のポイントは、「ものにぶつかったら、進路《しんろ》を変《か》える」というプログラムです。

ポイントは、1つのキューブで2つのスプライトを使《つか》うことです。ひとつめのスプライトはキューブを動《うご》かすプログラム、もうひとつのスプライトはキューブがすでに通《とお》った位置《いち》を表示《ひょうじ》します。

❶ 「0.3秒間前《びょうかんまえ》に進《すす》めなかった」場《ば》合《あい》、過去《かこ》の位置《いち》と現在《げんざい》の位置《いち》を参《さん》照《しょう》する

❷ 過去《かこ》の位置《いち》との距離《きょり》が変《か》わっていなければ、0度《ど》（上方向《うえほうこう》）にキューブを向《む》けて、少《すこ》し進《すす》ませる

❸ キューブを180度回転《どかいてん》させて、反対方向《はんたいほうこう》にまっすぐ進《すす》ませる

過去《かこ》の位置《いち》のプログラム

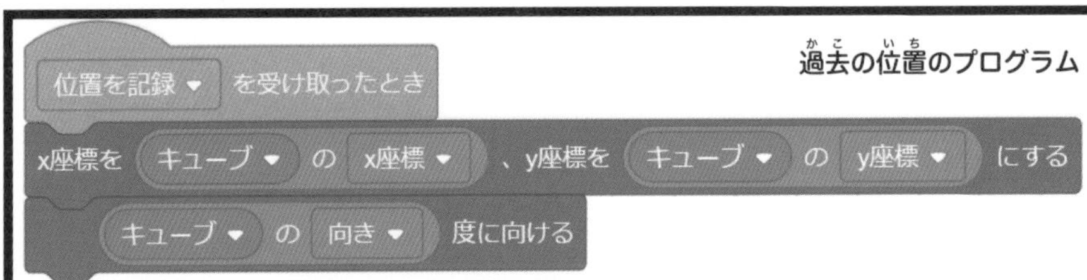
位置を記録 を受け取ったとき
x座標を キューブ の x座標 、y座標を キューブ の y座標 にする
キューブ の 向き 度に向ける

過去の位置

画面《がめん》の中《なか》にフェンスをせっていする

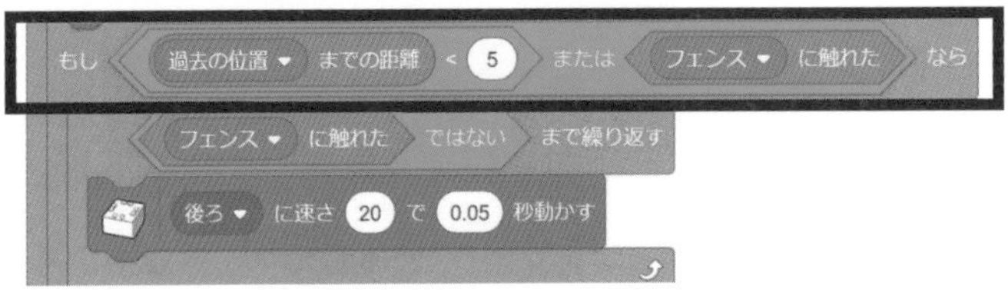
もし 過去の位置 までの距離 < 5 または フェンス に触れた なら
フェンス に触れた ではない まで繰り返す
後ろ に速さ 20 で 0.05 秒動かす

マットの上《うえ》に置《お》かれたしょうがい物《ぶつ》だけでなく、画面《がめん》上《じょう》のものでも、キューブはよけて進《すす》みます。画面《がめん》にスプライト「フェンス」を追《つい》加《か》し、「過去《かこ》の位置《いち》までの距《きょ》離《り》<5」の部分《ぶぶん》に「フェンスに触《ふ》れた」という条件《じょうけん》を追《つい》加《か》します。

正方形《せいほうけい》のフェンスをせっていしてみました

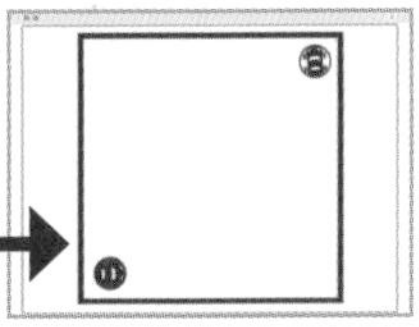

完成《かんせい》したプログラム

プログラム

※スプライトをかいて、じゅんびしてからプログラムしよう。

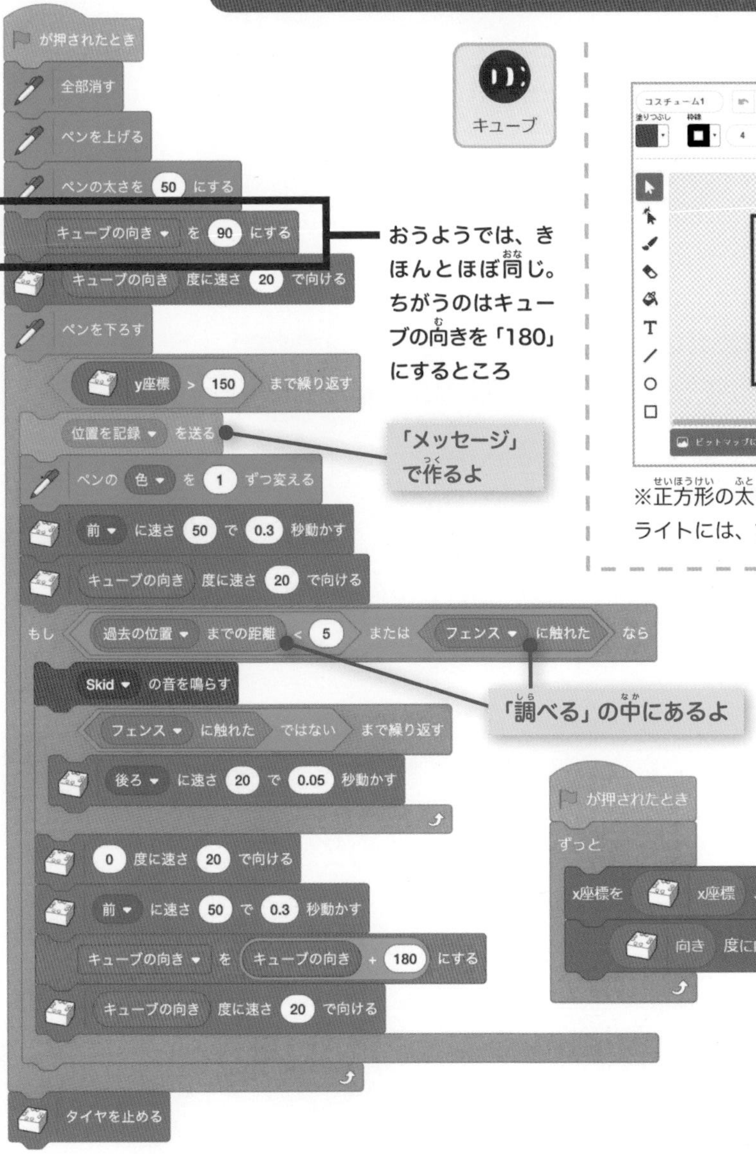

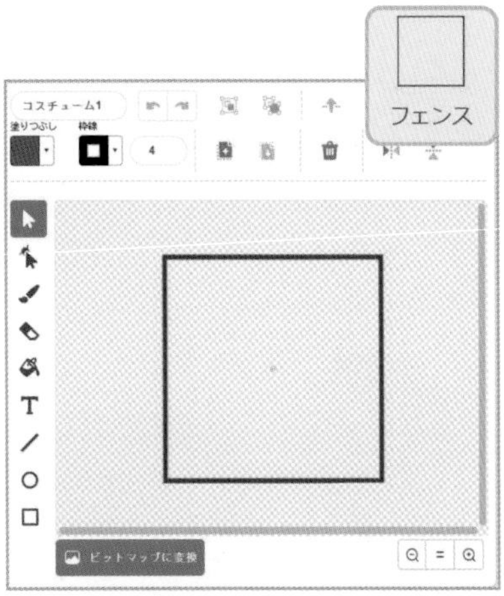

※正方形《せいほうけい》の太《ふと》い線《せん》をかきます。このスプライトには、プログラムはありません。

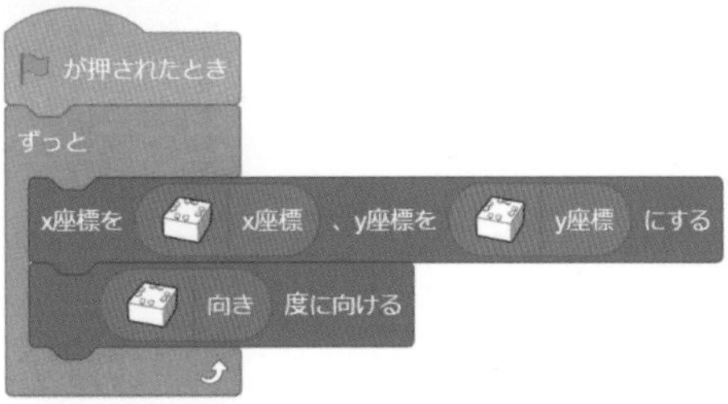

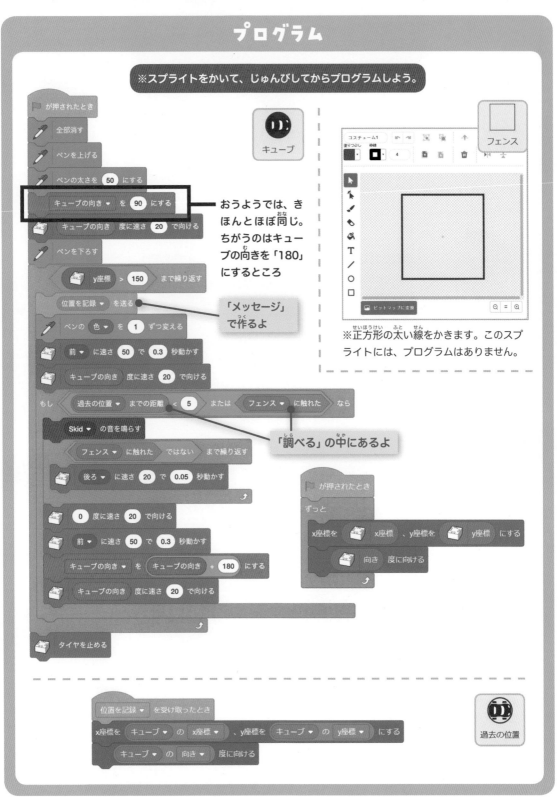

作《つく》ったプログラムで　あそんでみよう！

かべを作《つく》ってみよう

おそうじロボットのプログラムができたらじっさいに動《うご》かして、本当《ほんとう》にかべやしょうがい物《もの》をよけているか確認《かくにん》してみましょう。そのとき、見《み》ているだけではもったいない！　キューブの進《すす》む方向《ほうこう》にわざとかべをつくってみたりして、キューブといっしょにあそんでみてください。

▲たとえば水《みず》の入《はい》ったペットボトルを置《お》いてみよう

あそびのヒント　キューブの動《うご》きをながめているだけでも楽《たの》しいけど、たまには、じゃましてみない？

おそうじロボットと他《ほか》のプログラムを組《く》み合《あ》わせよう

おそうじロボットのしょうがい物《ぶつ》をよける動《うご》きと何《なん》かを組《く》み合《あ》わせたら、どんなことができるでしょうか？

「マットの上《うえ》に、かべをたくさん作《つく》ったら、めいろになるかな？」「2台《だい》のおそうじロボットがあったらどうなる？」と、アイデアはむげんに広《ひろ》がります。

「おそうじロボット×○○○」を考《かんが》えてみよう

- おそうじロボット×迷路《めいろ》
- おそうじロボット×しょうがい物《ぶつ》レース
- おそうじロボット×工作《こうさく》
- おそうじロボット×おそうじロボット

教《おし》えて！toio博士《はかせ》

toioで学《まな》ぶロボット工学《こうがく》

第8話

「コンピューターのように考《かんが》えてみよう」

- コンピューターのように考《かんが》えることは「コンピュテーショナルシンキング」っていうんだ！
- 生活《せいかつ》や勉強《べんきょう》にコンピューターの考《かんが》え方《かた》を取《と》り入《い》れてみると便利《べんり》で、かいてきになるかも!?
- コンピューターやロボットの気持《きも》ち（じょうたい）や考《かんが》え方《かた》を知《し》って仲良《なかよ》く付《つ》き合《あ》おう！

「コンピューターのように考《かんが》える」ってどういうこと？

コンピューターのこうりつのよい方法《ほうほう》や、その仕組《しく》みを考《かんが》えている科学者《かがくしゃ》やエンジニアの考《かんが》え方《かた》を、買《か》い物《もの》の道順《みちじゅん》や宿題《しゅくだい》の順番《じゅんばん》など、ふだんの生活《せいかつ》や勉強《べんきょう》にも取《と》り入《い》れてみたらどうなるでしょうか？　買《か》い物《もの》や勉強《べんきょう》がいつもより楽《らく》になったり、早《はや》く終《お》わったりするかもしれません。

「コンピュテーショナルシンキング（計算論的思考《けいさんろんてきしこう》）」とよばれるこの考《かんが》え方《かた》（※）は、小学校《しょうがっこう》でも取《と》り入《い》れられている「プログラミング的思考《てきしこう》」にも通《つう》じるものです。

生活《せいかつ》を「プログラム」してみたり、こうりつのよい「アルゴリズム」を取《と》り入《い》れたりしてみると、さがし物《もの》が早《はや》く見《み》つかったり、作業《さぎょう》が早《はや》く終《お》わったりして時間《じかん》が上手《じょうず》に使《つか》えます。

コンピューターのことをよく知《し》って楽《たの》しくつきあおう！

友《とも》だちや家族《かぞく》の気持《きも》ちや考《かんが》え方《かた》がわかれば楽《たの》しくすごせたり、相手《あいて》の気持《きも》ちやじょうきょうを考《かんが》えて手伝《てつだ》ったり協力《きょうりょく》したりできます。それと同《おな》じように、プログラミングやコンピューター科学《かがく》を学《まな》ぶことでコンピューターの考《かんが》え方《かた》やロボットが置《お》かれたじょうきょうがわかってくると、それらが便利《べんり》に使《つか》えるだけでなく、ロボットやコンピューターにふたんがかかる「まちがった使《つか》い方《かた》」もさけられますし、より仲良《なかよ》く楽《たの》しく付《つ》き合《あ》うことができそうです。

自分《じぶん》のふだんの生活《せいかつ》もコンピューターのように考《かんが》えて、こうりつよく便利《べんり》に道具《どうぐ》や時間《じかん》を使《つか》いこなすことで、楽《たの》しいことにたくさんの時間《じかん》を使《つか》えます。ただし、やりすぎには注意《ちゅうい》して、「楽《たの》しく」ということをわすれずに！

※「Computational Thinking 計算論的思考」Jeannette M. Wing 著、中島 秀之 訳
https://www.cs.cmu.edu/afs/cs/usr/wing/www/ct-japanese.pdf

toioのひみつをさぐれ！

toioを

toioを作《つく》った人《ひと》たち

田中《たなか》 章愛《あきちか》

toioのワークショップの先生《せんせい》としてもおなじみ！ toioのハードウェアをせっけいしたtoioチームのまとめ役《やく》。

中山《なかやま》 哲法《てつのり》

toioのソフトウェアやせんようタイトルをたんとうしている。「toio」という名前《なまえ》を考《かんが》えた人《ひと》でもあるよ。

アンドレ・アレクシー

YouTubeのtoio公式《こうしき》チャンネル「toio LAB」のtoio博士《はかせ》として大人気《だいにんき》。toioのコンセプトやUXデザインをたんとうしている。

おしゃべりから生《う》まれた「toioプロジェクト」最初《さいしょ》のtoioのアイデアは「スマホ」だった!?

toioの始《はじ》まりは、2012年《ねん》。2019年《ねん》にtoioがいっぱん発売《はつばい》される7年前《ねんまえ》のことです。田中《たなか》さんがアレクシーさんとおしゃべりをしているときに生《う》まれた「ブロックのように組《く》み立《た》てられるスマホや電子《でんし》おもちゃ」というアイデアが、すべての始《はじ》まりでした。

でも、そのアイデアがすぐにtoioになったわけではありません。次《つぎ》に生《う》まれたアイデアは、「ロボットを使《つか》っておもちゃの世界《せかい》であそぼう」というものでした。最新《さいしん》のロボットぎじゅつを使《つか》って、げんじつのおもちゃをデジタルのぎじゅつでかくちょうして楽《たの》しむという、今《いま》のtoioとほぼ同《おな》じアイデアになったのです。じっさいに、テストでそのおもちゃを作《つく》って子《こ》どもたちにあそんでもらうと、とても喜《よろこ》んでもらえ、田中《たなか》さんは「これは、やるべきだ」と強《つよ》く思《おも》いました。

しかし、toioのアイデアをせいひんにするのは、ぎじゅつ的《てき》にむずかしかったこともあり、一度《いちど》ちゅうだんしてしまいます。3年後《ねんご》の2015年《ねん》、toioを作《つく》るための部品《ぶひん》やぎじゅつもおいついてきたころに、田中《たなか》さんはもう一度《いちど》「あの楽《たの》しいせいひんを作《つく》り

もっと知《し》ろう！

toioたんじょうのひみつから、toioの未来《みらい》までをしょうかいするよ！
これを読《よ》めば、toioがもっともっと楽《たの》しくなるよ。

たい」と強《つよ》く思《おも》うようになりました。そこで、田中《たなか》さんはアレクシーさんに「まだ、あきらめてない？」と、たずねます。アレクシーさんの答《こた》えは「あきらめていない」でした。

こうして、2度目《どめ》のtoioプロジェクトが始《はじ》まりました。ここから中山《なかやま》さんという強《つよ》い味方《みかた》も加《くわ》わり、ソニーの会社内《かいしゃない》で行《おこな》われたオーディションに参加《さんか》します。このオーディションでみとめられたことで、じっさいのせいひんを開発《かいはつ》できるようになり、toioのプロジェクトは2016年《ねん》に正式《せいしき》に事業化《じぎょうか》がスタートしました。

「プロトタイプ」（原型《げんけい》）とよばれる最初《さいしょ》のtoioから、何度《なんど》も子《こ》どもたちにじっさいにあそんでもらい、感想《かんそう》をきいては作《つく》り直《なお》すという作業《さぎょう》を何十回《なんじゅうかい》も繰《く》り返《かえ》し、今《いま》のtoioに近付《ちかづ》けていったのです。

当時《とうじ》のtoioは、げんざいのものとはちがうところもありました。そのひとつが名前《なまえ》です。最初《さいしょ》は「ToyAlive」（日本語《にほんご》でいうと「生《い》きているおもちゃ」）とよばれていたのです。その後《ご》、いろいろなこうほの中《なか》から、短《みじか》い文字数《もじすう》であり、「よく見《み》たら手《て》と顔《かお》にも見《み》える」という理由《りゆう》もあって「toio」という名前《なまえ》に決《き》まりました。

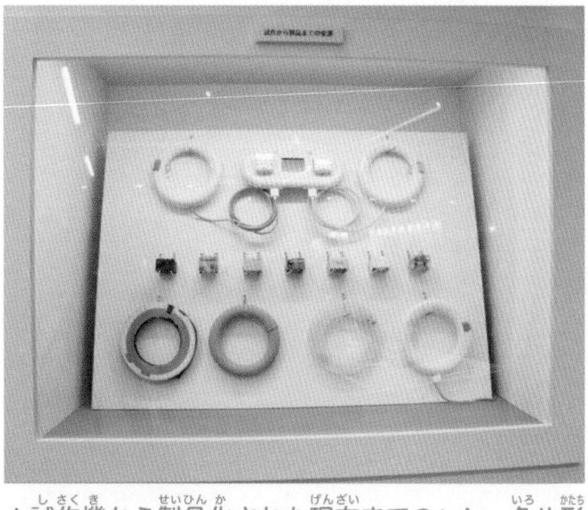
▲試作機《しさくき》から製品化《せいひんか》された現在《げんざい》までのtoio。色《いろ》や形《かたち》が少《すこ》しずつ変《か》わってきているのがわかるかな？

また、最初《さいしょ》はリングやコンソールもなく、toioはキューブのみでした。さらに、キューブの位置《いち》を調《しら》べるため、部屋《へや》のてんじょうにカメラを取《と》り付《つ》ける必要《ひつよう》があるなど、今《いま》とはだいぶちがうものでした。

最初《さいしょ》のアイデアから7年《ねん》の月日《つきひ》をかけて、2019年《ねん》3月《がつ》、ついにtoioが発売《はつばい》されました。

田中《たなか》さんとアレクシーさんが最初《さいしょ》にめざした「おもちゃをデジタルぎじゅつでかくちょうして楽《たの》しむ」というアイデアがtoioでじつげんされ、こうしてみんなが遊《あそ》べるようになったのです。

次《つぎ》のページからは、toioチームにインタビューして、toioたんじょうまでのエピソードや、楽《たの》しくあそぶ工夫《くふう》などをしょうかいします！

最初《さいしょ》は「ToyAlive」（トイアライブ）っていう名前《なまえ》だったのか〜！

toioのひみつ❶

toio博士《はかせ》にインタビュー

toio LABで新《あたら》しいあそびをたくさん紹介《しょうかい》しているtoio博士《はかせ》。
博士《はかせ》の子《こ》どものころの話《はなし》からあそびかたまでを聞《き》いたよ！

いちばん大事《だいじ》なのは「なんのためにプログラミングをしたいのか」ということ

toio博士《はかせ》
アンドレ・アレクシー

toioで最後《さいご》までこだわったのはコア キューブの大《おお》きさ おもちゃとして手《て》のなかでいじりたくなるサイズだと思《おも》う

toio博士《はかせ》、いろいろ教《おし》えてください！ 博士《はかせ》が子《こ》どものころは何《なに》してあそんでましたか？

toio博士《はかせ》「ゲームが大好《だいす》きな子《こ》どもだったね。ボクはフランス人《じん》だから、母国語《ぼこくご》はフランス語《ご》だったけれど、当時《とうじ》のパソコンゲームは英語《えいご》のものばかりだったんだ。英語《えいご》の辞書《じしょ》を引《ひ》きながらにゲームをしていたおかげで、英語《えいご》がとくいになったよ（笑《わらい》）」

スゴイなぁ！　日本語《にほんご》もペラペラですね。toioが生《う》まれるまでのお話《はなし》を聞《き》かせてください！

toio博士《はかせ》「最初《さいしょ》のアイデアはスマホをおもちゃにするという話《はなし》だったけど、ぎゃくに『おもちゃにスマホの機能《きのう》があれば、何《なに》ができるかな』って考《かんが》えたんだ」

えっ!?　じゃあ、toioってスマホみたいな機能《きのう》が入《はい》っているってことですか？

toio博士《はかせ》「そうだよ。こんな小《ちい》さなサイズでいろいろな技術《ぎじゅつ》を詰《つ》め込《こ》んでいて手軽《てがる》に買《か》えるロボットは、toioぐらいじゃないかな（笑）」

使《つか》っていて、ぜんぜん気付《きづ》きませんでした。外《そと》から見《み》ただけだでは、わからないですね。

toio博士《はかせ》「それでいいんだよ。toioはあそびを作《つく》るために、そうしたぎじゅつを使《つか》っているだけだから。実《じつ》は、toioのプロジェクトは、今《いま》のソニー・インタラクティブエンタテインメント(SIE)にうつる前《まえ》に、ソニーの研究所《けんきゅうしょ》で始《はじ》まったんだ。せいひん化《か》は3人《にん》ではじめたけれど、メカのせっけいやデザイン、売《う》るためのえいぎょう、せんでんなど、多《おお》くのせんもんかの力《ちから》があって、今《いま》のtoioができあがったんだ。

こうして商品になるまで7年かけて、『ものを作る』ということがどれだけ大変なのかが初めてわかって、いっしょに作ってくれたみんなにかんしゃしているよ」

じゃあ、今《いま》はtoioが発売《はつばい》されて、ようやくゆめがかなったということですね！

toio博士《はかせ》「いや、今《いま》まさにゆめを追《お》いつづけているよ。今《いま》のtoioは『好《す》きなおもちゃをのせることで、好《す》きなあそびを作《つく》ることができる』

つくえにマットがしきつめられていれば、「キューブがものをとって運《はこ》んでくれる」とかもできるかも……!?　こんな自《じ》分《ぶん》の夢《ゆめ》をじつげんするための方法《ほうほう》がプログラミングなんだ!

▲toioの発表会《はっぴょうかい》で、数台《すうだい》のtoioをプログラミングしたデモをひろうしたtoio博士《はかせ》。

という最初《さいしょ》に考《かんが》えたことがじつげんされているんだけど、実《じつ》は、ボクたちが考《かんが》えているより、もっともっといろんなことがtoioでできるんじゃないかって思《おも》うんだ」

じゃあ、toio博士《はかせ》は、ふだんはtoioでどんなあそびをしているんですか?

toio博士《はかせ》「30こぐらいキューブを使《つか》って動《うご》かしたりと、ちょっと変《か》わったあそびを楽《たの》しんでいるよ。ゆめは、キューブでサッカーのチームを作《つく》ってプレイをすることなんだ。

じたくでは、子《こ》どもたちとブロックを使《つか》ってクラフトファイターなどをあそんでいるよ。ボクの4さいのむすめは、お気《き》に入《い》りのおにんぎょうをtoioの上《うえ》にのせて動《うご》かしているんだ。いつもすぐ落《お》ちるけどね(笑《わらい》)。うちにとってtoioは、おもちゃ箱《ばこ》のよこにあって、好《す》きなときにあそべるもの。みんなの家《いえ》でも、そうやってあそんでほしいと思《おも》っているよ」

toioでサッカーチーム!　私《わたし》もやってみたいけど、プログラミングがむずかしそうだなぁ。

toio博士《はかせ》「プログラミングは、『こういうあそびが作《つく》りたい』という気持《きも》ちがあって、それをじつげんするための道具《どうぐ》だと思《おも》うんだ。

ボクは仕事《しごと》だけではなくて、しゅみもプログラミングだから休《やす》みの日《ひ》も家《いえ》でプログラミングをして楽《たの》しんでいるんだけど、大事《だいじ》なのはとにかく『手《て》を動《うご》かして、始《はじ》めること』だと思《おも》っている。だって、何《なに》もしないでただ待《ま》ってるだけじゃ、すごいアイデアがふってくるわけじゃないと思《おも》うから。

作《つく》っていると自分《じぶん》の勉強《べんきょう》にもなるし、新《あたら》しい発見《はっけん》が待《ま》っている気《き》がするんだ。とりあえず、昨日《きのう》やったプログラムをちょっと変《か》えてみるだけでも、『あれ、こんなことできるんだ』とか、『こうしたらおもしろそう!』というのが、見《み》えてくる。そのくりかえしから新《あたら》しいものが生《う》まれてくるよ。

きっとまだまだいろいろと楽《たの》しいことが待《ま》っているはずだから、みんなも「何《なに》か作《つく》ってみたい」「楽《たの》しそう」と思《おも》うことをじつげんするために、キューブを使《つか》ったり、プログラミングという道具《どうぐ》を使《つか》ったりしてほしいな」

YouTube「toio」公式《こうしき》チャンネル

toio博士《はかせ》が、toioのいろいろなあそびをしょうかいする楽《たの》しいチャンネル。ぜひ登録《とうろく》してね。

toioのひみつ②

toioの名前《なまえ》のひみつとは!?

「toio」の名前《なまえ》にはなんとたくさんの意味《いみ》があった！
名付《なづ》け親《おや》の中山《なかやま》さんにくわしく聞《き》いてみたよ

15こ以上《いじょう》の意味《いみ》がある toioの名前《なまえ》は、家《いえ》のリビングで思《おも》いついたよ

ソニー・インタラクティブ
エンタテインメント
中山《なかやま》 哲法《てつのり》

toioのロゴには、手《て》とかおがあるよ これには「五感《ごかん》をつかってあそぶ」という意味《いみ》もあるんだ

はじめまして！　中山《なかやま》さんは、toioチームでどんなお仕事《しごと》をしているんですか？

中山《なかやま》さん「ボクは、2012年《ねん》にtoioの前《まえ》にあたる『ToyAlive』のデモをアレクシーがやっているのを見《み》て、「これだ！」と思《おも》ったんだ。だけど、じっさいに参加《さんか》したのは、その3年《ねん》後《ご》のオーディションに出《だ》すときからだね。

それからはtoioを作《つく》る部《ぶ》しょで、エンジニアとしてtoioのソフトウェアを開発《かいはつ》したり、せんようタイトルのきかくをしたりと、いろいろなことをたんとうしているよ」

たくさんのことをやっているんですね。toioの名前《なまえ》は中山《なかやま》さんが考《かんが》えたんですか？

中山《なかやま》さん「そうだね、『toio』という名前《なまえ》は、家《いえ》のリビングで考《かんが》えついたんだ。

実《じつ》は、この名前《なまえ》には15こぐらいの意味《いみ》がこめられているんだよ。全部《ぜんぶ》はしょうかいしきれないけれど、もっとも大《おお》きい理由《りゆう》は『toy（おもちゃ）＋ io（アイオー）』なんだ。アイオーというのは『インプット（入力《にゅうりょく》）』と『アウトプット（出力《しゅつりょく》）』のこと。キューブは、音楽《おんがく》タイトルだとインプットの道具《どうぐ》になり、クラフトファイターだったらアウトプットになるよね。そんな意味《いみ》もこめているんだ。

あと、もう1つひみつがあるんだけど、toioのロゴをよ～く見《み》てみて。

ロゴですか？　じー……。なんか、かおっぽいですね。ふたつの「o」が目《め》みたい！

中山《なかやま》さん「正解《せいかい》！　左《ひだり》の『t』は手《て》なんだ。さらに、実《じつ》はこのふたつの「o」は、toioリングも表《あらわ》しているんだよ。他《ほか》にもたくさんの理由《りゆう》や意味《いみ》があるんだけれど、それはまた別《べつ》の機《き》会《かい》にしょうかいするね」

toioのロゴ。手《て》と頭《あたま》をつかって「五感《ごかん》をつかってあそぶ」という意味《いみ》もこめられている。

市販《しはん》のからくりこうぞうの紙工作《かみこうさく》キットとキューブを組《く》み合《あ》わせた例《れい》。キューブのモーターを回《まわ》すと、左《ひだり》がわのパイプが上下《じょうげ》に動《うご》くようになっているよ！

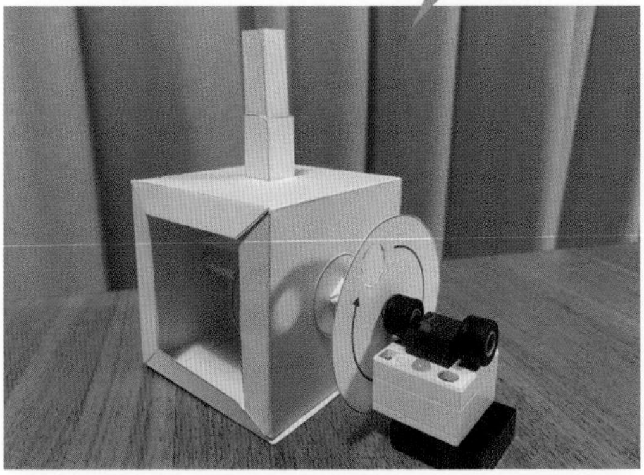

▲toioをつかった「機構《きこう》」の例《れい》を見《み》せてくれたよ。

アレクシーさんはtoio30台《だい》であそんでいるそうですが、中山《なかやま》さんもですか？

中山《なかやま》さん「30台《だい》はないけれど、『コア キューブ（単体《たんたい》）』が発売《はつばい》されたので10台《だい》そろえようと思《おも》っています（笑《わらい》）。『群《ぐん》ロボット』という、たくさんのロボットをAI（人工知能《じんこうちのう》）やプログラミングで動《うご》かすという分野《ぶんや》に興味《きょうみ》があるんだ。

それ以外《いがい》では、最近《さいきん》は『機構《きこう》』というものにハマっていて、いろいろな機構《きこう》をtoioで試《ため》しているよ」

上《うえ》の写真《しゃしん》の実験《じっけん》がそうですね。でも、「機構《きこう》」ってどんなものなんですか？

中山《なかやま》さん「ちょっとむずかしいけれど、歯車《はぐるま》などによって、機械《きかい》を動《うご》かす仕組《しく》みのことで、キューブを使《つか》って『機構《きこう》』を動《うご》かせるようにすると、いろいろなことができるんだ。この実験《じっけん》は、子《こ》どもが紙工作《かみこうさく》で作《つく》ったものと、ボクの『機構《きこう》』キューブをあわせると、どんな動《うご》きをするか実験《じっけん》してみたんだ。

toioって、いろいろなものと組《く》み合《あ》わせられそうですね。どんなものがおすすめですか？

中山《なかやま》さん「toioのせんようタイトルを作《つく》るために、いろいろな組《く》み合《あ》わせをしたけれど、どれもおもしろかったよ。人形《にんぎょう》が好《す》きなら人形《にんぎょう》をのせて動《うご》かしてもいいし、乗《の》り物《もの》が好《す》きなら、車《くるま》や電車《でんしゃ》と組《く》み合《あ》わせてもいい。自分《じぶん》が大好《だいす》きなものと組《く》み合《あ》わせることが一番《いちばん》だよ！　それが、もっとやりたいという気持《きも》ちにつながっていくと思《おも》うんだ。

toioはもともと『自分《じぶん》の頭《あたま》の中《なか》でそうぞうしているものを実際《じっさい》に動《うご》かしたい』というところからスタートしているからね。だから何《なに》が動《うご》いてもいいんだよ。好《す》きなマンガやアニメの世界《せかい》を作《つく》ってみたり、自分《じぶん》の好《す》きな世界《せかい》で、本当《ほんとう》は動《うご》かなかったものが動《うご》くという世界《せかい》を作《つく》ることができれば、それがいちばんtoioらしいあそびかただと思《おも》うよ」

ありがとうございます！　ボクも好《す》きなものをキューブにのせて動《うご》かすことから始《はじ》めてみます。

◀「機構《きこう》」についてもっと知《し》りたい人《ひと》は、この本《ほん》を読《よ》んでみよう！

『からくりの素《もと》』
坂 啓典 著、
小林 雅之・白井靖幸・
新井 俊雄 監修、
集文社 刊

toioのひみつ③

toioとプログラミング

「toio」インタビューの最後《さいご》は、プログラミングについて。
これを読《よ》めば、プログラミングがもっと楽《たの》しくなるよ！

toioであそんでいると
むずかしい算数《さんすう》も
身近《みぢか》に感《かん》じられる（田中《たなか》さん）

toioをきっかけに、
もっとプログラミングを
楽《たの》しんでほしい（寺戸《てらど》さん）

ソニー・インタラクティブ
エンタテインメント
寺戸《てらど》 育夫《いくお》（写真左《しゃしんひだり》） 田中《たなか》 章愛《あきちか》（写真右《しゃしんみぎ》）

プログラムのかいぞうは大《だい》かんげい！ どんどん作《つく》りかえて どんなふうにキューブの動《うご》きが変《か》わるのかかくにんしてほしい

寺戸《てらど》さん、田中《たなか》さん、toioのビジュアルプログラミングについて、いろいろ教《おし》えてください！

田中《たなか》さん「はい。ビジュアルプログラミングは、キューブで色々《いろいろ》とものを動《うご》かしたいと思《おも》う子《こ》どもたちに使《つか》ってほしいと思《おも》って作《つく》ったプログラミング方法《ほうほう》なんだ。ブロックでプログラミングができるから、Scratch 3.0（※）をやったことがあれば、とても使《つか》いやすいと思《おも》うよ」

toioのプログラミングで、「ここがスゴイ！」ってところがあれば教《おし》えてください。

寺戸《てらど》さん「toioは、プログラミングだけでなくて、キューブに工作《こうさく》したりブロックをつけたりして、ロボット全体《ぜんたい》を作《つく》って楽《たの》しめることは、大《おお》きなとくちょうのひとつなんだ」

たしかに！ クラフトファイターで負《ま》けるとすごくくやしくなるほどむちゅうになりますね！

寺戸《てらど》さん「大会《たいかい》では泣《な》いてしまう子《こ》もいて、それだけむちゅうになってくれているんだなと思《おも》ったよ。ボクはエンジニアなんだけど、対戦《たいせん》するときの移動《いどう》するプログラムでも、『いかに相手《あいて》より速《はや》く正確《せいかく》にそこにたどり着《つ》くか』を考《かんが》えていくと、より高度《こうど》なプログラミングのちしきが必要《ひつよう》で、それがまた楽《たの》しいんだ。ちょうせんやくやしいけいけんをもとにして、よりほんかく的《てき》なプログラミングを学《まな》ぶきっかけになってほしいなと思《おも》っているんだ。

だから、これからもいろいろな作例《さくれい》をしょうかいしたり、参加《さんか》して楽《たの》しいイベントをかいさいしたりしていくよ」

※17ページを見《み》てね

ビジュアルプログラミングを使《つか》って、micro:bitなどのほかの機器《きき》と組《く》み合《あ》わせることもできるよ！

ちしきがふえれば、強《つよ》くなれるってことですね。それはもえてくるかも～！

田中《たなか》さん「あとは、2台《だい》のロボットを同時《どうじ》に動《うご》かせるということかな。開発者向《かいはつしゃむ》けのビジュアルプログラミングになるけれど、2台使《だいつか》えるということは、たんに『1台《だい》でできることが2倍《ばい》になる』以上《いじょう》のことができるんだ。

たとえば、自分《じぶん》と相手《あいて》というキャラクターになったり、2台《だい》の間《あいだ》に荷物《にもつ》をはさんで運《はこ》んだりとか、1台《だい》とはまったくちがうあそび方《かた》ができるようになるんだよ」

2台《だい》だと対戦《たいせん》ゲームとか、いろいろできそう！

▲この本《ほん》の「作例《さくれい》5」でもしょうかいしている「おにごっこ」。2台《だい》のキューブを使《つか》ったプログラミングにちょうせんしてみよう。

田中《たなか》さん「あとは、toioでプログラミングをしていると、座標《ざひょう》がどんどん身近《みぢか》になっていくところもおもしろいんだ。ふだんの生活《せいかつ》では、座標《ざひょう》をいじるなんてけいけんはほとんどできないけれど、toioであそんでいるうちに、実《じつ》は中学《ちゅうがく》や高校《こうこう》でやるような数学《すうがく》も、直感的《ちょっかんてき》にわかるようになっているかもしれないよ。

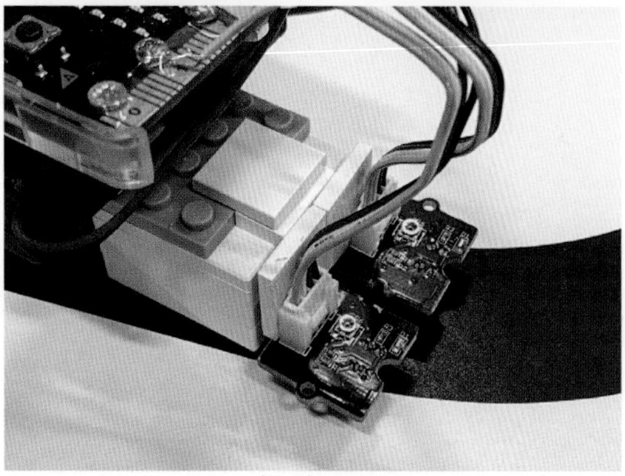
▲toioとmicro:bitを組《く》み合《あ》わせたロボット。
micro:bitのライントレース機能《きのう》で、黒《くろ》い線《せん》の上《うえ》を歩《ある》くんだ。田中《たなか》さんは、こういったいろいろな作品《さくひん》を、toioを好《す》きな仲間《なかま》と作《つく》っているんだって。

それから、toioは組《く》み立《た》て不要《ふよう》ですぐにプログラミングの結果《けっか》を見《み》られるから、いろいろと試《ため》して失敗《しっぱい》したらまたやり直《なお》すという『トライアル＆エラー』を、たくさんしてほしいと思《おも》っているよ」

寺戸《てらど》さん「きょりをはかるとか便利《べんり》なブロックも作《つく》ることはできたけれど、あえて作《つく》らなかったんだ。ブロックで組《く》み上《あ》げたサンプルを見《み》て、『何《なん》でこういうプログラムになっているのか』を自分《じぶん》でかいぞうしてみて、じっさいのキューブの動《うご》きを見《み》て、かくにん、体験《たいけん》していく中《なか》で、体《からだ》でおぼえていってほしい。

ぜひくふうしてあそんで、自分《じぶん》なりの楽《たの》しみ方《かた》を見《み》つけてほしいと思《おも》います」

かいぞうして動《うご》かなくなったら……と思《おも》ったけど、何度《なんど》も試《ため》せばいいんですね。がんばります！

toioの未来《みらい》

toio コア キューブ（単体《たんたい》）が発売《はつばい》！

◀「toio コア キューブ（単体《たんたい》）」
キューブ1台《だい》に簡易《かんい》プレイマットと簡易《かんい》カード付《つ》き
2020年《ねん》4月発売《がつはつばい》
4,480円《えん》（税別《ぜいべつ》）

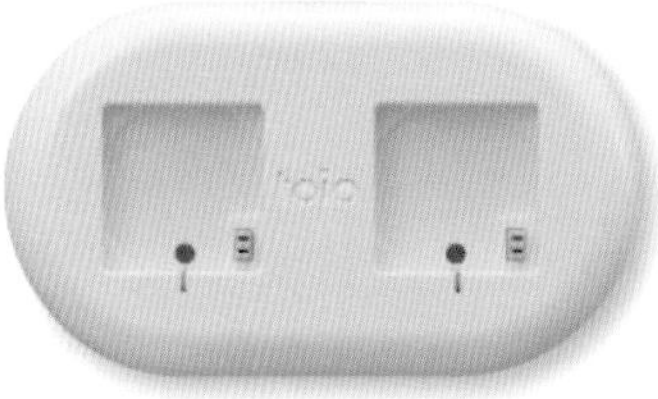

▶「toio コア キューブ 専用充電器《せんようじゅうでんき》」
2020年《ねん》4月発売《がつはつばい》
3,480円《えん》（税別《ぜいべつ》）

toioのコア キューブだけの『コア キューブ（単体《たんたい》）』も発売《はつばい》されたよ！　小《ち》さいサイズの簡易版《かんいばん》マットが付《つ》いているから、この単体版《たんたいばん》と専用充電器《せんようじゅうでんき》を買《か》えば、すぐにビジュアルプログラミングにちょうせんできるんだ。たくさんのキューブを動《うご》かしてみたい人《ひと》や、これからtoioのプログラミングをやってみたい人《ひと》にもおすすめだ！

学校《がっこう》の授業《じゅぎょう》に toioが登場《とうじょう》する!?

toioのプログラミングは、小学校《しょうがっこう》や中《ちゅう》学校《がっこう》で習《なら》う算数《さんすう》や数学《すうがく》、理科《りか》などの授業《じゅぎょう》にも役立《やくだ》つんだ。

すでに小学校《しょうがっこう》でも、toioを使《つか》った授業《じゅぎょう》が行《おこな》われているよ！　どんな授業《じゅぎょう》をしているかは、120ページでしょうかいしている熊本県《くまもとけん》の人吉市立人吉西小学校《ひとよししりつひとよしにししょうがっこう》の授《じゅ》業《ぎょう》を見《み》てね。

▼toioを使《つか》った授業《じゅぎょう》はtoioホームページでも公開中《こうかいちゅう》

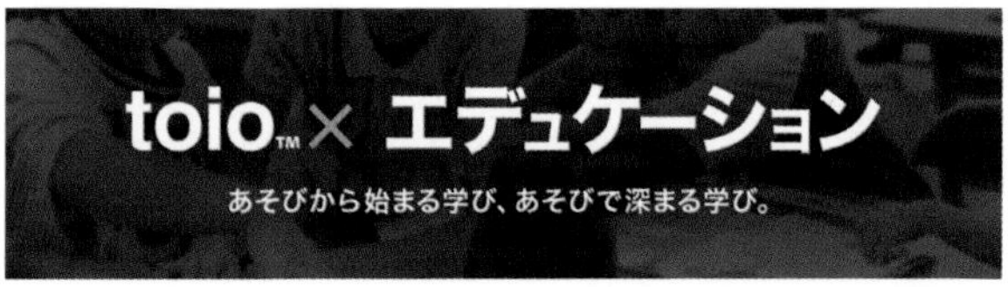
toio™ × エデュケーション
あそびから始まる学び、あそびで深まる学び。

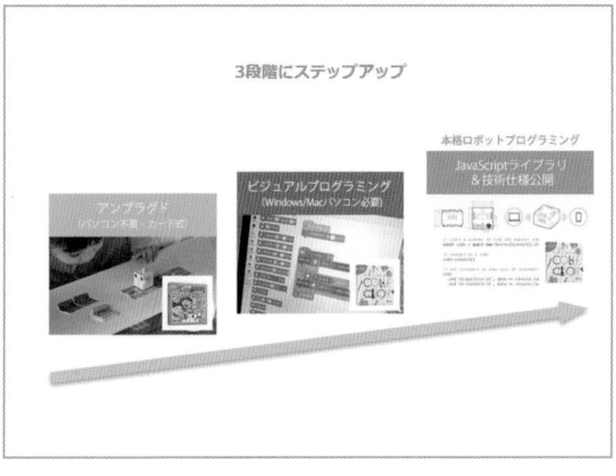
3段階にステップアップ
本格ロボットプログラミング
JavaScriptライブラリ
&技術仕様公開
ビジュアルプログラミング
(Windows/Macパソコン必要)
アンプラグド

toioでプログラミングする授業《じゅぎょう》って楽《たの》しそう！

どんどん広《ひろ》がるtoioの世界《せかい》

スマホでもtoioで遊《あそ》べる！

◀「ウロチョロス」公開中《こうかいちゅう》
iOS/Androidのスマホで遊《あそ》べるよ

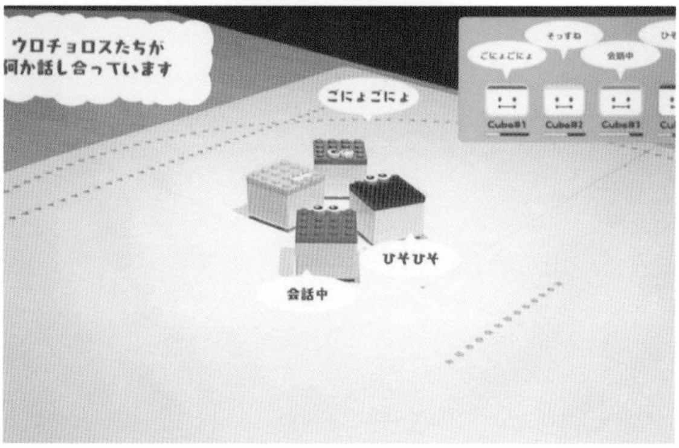

実《じつ》は、toioはスマホでも遊《あそ》べるのを知《し》ってる？　toioのスマホアプリ『ウロチョロス』を作《つく》ったのは、日本初《にほんはつ》の「ゲームAI」を開発《かいはつ》しているモリカトロンという会社《かいしゃ》なんだ。

「ウロチョロス」は、名前《なまえ》の通《とお》り、最大《さいだい》4台《だい》のキューブがダンスをしたり、おにごっこしたりする、ながめているだけでも楽《たの》しいアプリだよ。ひとつひとつのキューブたちが自分《じぶん》で考《かんが》えて、「いちばん好《す》きな人《ひと》」を決《き》めたりするよ。キューブ1台《だい》からでも遊《あそ》べるから、ぜひダウンロードしてみてね。

キューブどうしでお話《はな》してる！

人気《にんき》YouTuberカジサックさんとコラボ！

人気《にんき》YouTuberのカジサックさんと、コジサックなど兄弟《きょうだい》3人《にん》がtoioとコラボした動画《どうが》が、YouTubeで公開《こうかい》されているよ。

toioの「GoGo ロボットプログラミング～ロジーボのひみつ～」や「トイオ・コレクション」のクラフトファイターを遊《あそ》んで楽《たの》しんでいたんだ。

「カジサックの部屋《へや》」

お笑《わら》い芸人《げいにん》「キングコング」の梶原《かじわら》さんが、新米《しんまい》YouTuberのカジサックとしていろいろなことを学《まな》ぶチャンネル。

この回《かい》には、toioの先生《せんせい》として、博士《はかせ》も登場《とうじょう》しているぞ！

音楽《おんがく》ゲームからボードゲームまで！

toio 2020年《ねん》 発売《はつばい》タイトル

「おんがくであそぼう ピコトンズ™」

2020年《ねん》夏《なつ》発売《はつばい》予定《よてい》

キューブが楽器《がっき》になる！
好《す》きな音《おと》を作《つく》ってあそぼう

せんようシートを使《つか》って、キューブをピアノやいろいろな音《おと》を出《だ》せる楽器《がっき》に変身《へんしん》させるよ。五十音《ごじゅうおん》のシートを使《つか》えば、好《す》きな言葉《ことば》をしゃべらせることだってできるんだ。2台《だい》のキューブをいっしょに使《つか》うことができるから、2種類《しゅるい》の楽器《がっき》を鳴《な》らしたり、友《とも》だちや家族《かぞく》とえんそうをして楽《たの》しもう。

◀2台《だい》のキューブをそうさしていろんな音《おと》を作《つく》ろう！

プレイングアドバイザーにSASUKEさんが就任《しゅうにん》

新《あたら》しい地図《ちず》 join ミュージック「#SINGING」の作詞作曲《さくしさっきょく》をはじめさまざまなアーティストのリミックスを手掛《てが》けるなど国内外《こくないがい》からオファー殺到中《さっとうちゅう》の17歳《さい》トラックメイカー。プレイングアドバイザーとして、「おんがくであそぼう ピコトンズ™」を使《つか》ったあそびを教《おし》えてくれるよ！

ピコトンズはすごいです！ キューブをかざすだけで音《おと》が鳴《な》るし、けんばんやギター、ベース、ドラムと最初《さいしょ》から（さまざまな音《おと》が）ついていて、わかりやすい！

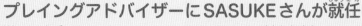

toioの未来《みらい》を作《つく》るタイトル続々《ぞくぞく》！

※本書に記載された情報は、刊行当時のものです。また写真は開発中のものであり、変更される可能性があります。

「大魔王《だいまおう》の美術館《びじゅつかん》と怪盗団《かいとうだん》™」

大魔王《だいまおう》の美術館《びじゅつかん》と怪盗団《かいとうだん》

2020年秋発売予定《ねんあきはつばいよてい》

ぬすまれたおたからを取《と》りもどせ！ハラハラドキドキのボードゲーム

世界中《せかいじゅう》の美術品《びじゅつひん》が大魔王《だいまおう》に盗《ぬす》まれてしまった！おたからを取《と》りもどすため、怪盗団《かいとうだん》が大魔王《だいまおう》に立《た》ち向《む》かう！　美術館《びじゅつかん》の中《なか》をぐるぐると動《うご》き回《まわ》る番人《ばんにん》に見《み》つからないように、かくれたりアイテムを使《つか》ったりしながら、おたからを集《あつ》めよう。番人役《ばんにんやく》のキューブが自動《じどう》で動《うご》くので、スリル満点《まんてん》。ちえとどきょうの勝負《しょうぶ》だ！

▶ toioならではのしかけが楽《たの》しいボードゲームだよ。

タイルを動《うご》かして移動《いどう》しよう

美術館《びじゅつかん》には大魔王《だいまおう》の番人が！

自動《じどう》で美術館《びじゅつかん》の中《なか》を動《うご》き回《まわ》り…
プレイヤーを探《さが》しまわるぞ!!

おわりに

toioのプログラミングを全面的《ぜんめんてき》に紹介《しょうかい》した初《はじ》めての書籍《しょせき》、『toioであそぶ！まなぶ！ロボットプログラミング』を読《よ》んでいただきましてありがとうございました。toioのプログラミングはどうでしたか？ 楽《たの》しいだけではなく、時《とき》にはうまくいかずに悩《なや》むこともあったでしょう。そうした経験《けいけん》もふくめて、toioでまなんだりあそんだりした経験《けいけん》は、みなさんの中《なか》に生《い》きています。

これから、わたしたちはロボットやAI（人工知能《じんこうちのう》）などが身近《みぢか》に働《はたら》く、新《あたら》しいデジタル技術《ぎじゅつ》の時代《じだい》へと進《すす》んでいきます。そのなかで、toioという先端技術《せんたんぎじゅつ》が詰《つ》まったロボットであそんで、どんなふうに動《うご》かせばいいのか、どんな仕組《しく》みで動《うご》いているかを肌《はだ》で感《かん》じて知《し》ることは、これからみなさんが生《い》きていくうえでの大《おお》きな力《ちから》となります。

ぜひこれからもtoioと一緒《いっしょ》に、新《あたら》しくて、楽《たの》しいことにどんどん挑戦《ちょうせん》してみてください。toioも、新《あたら》しい「あそび」を次々《つぎつぎ》考《かんが》えてお届《とど》けし、どんどん進化《しんか》していきます。お楽《たの》しみに！

toioに関《かん》する最新情報《さいしんじょうほう》は、公式《こうしき》ページやTwitter、Instagram、Faceook、noteなどでチェックしてみよう！

toio公式《こうしき》ページ　https://toio.io/
Twitter　@toio_jp
Instagram　@toio_jp
Facebook　https://www.facebook.com/toio.io/
note　https://note.toio.io/

もっともっといろんなことにチャレンジしてみたい人《ひと》のために、「チャレンジシート」を用意《ようい》したよ！ 自分《じぶん》がtoioでやってみたいことを計画《けいかく》して、目標《もくひょう》に向《む》かってちょうせんしてみよう！

「チャレンジシート」は下《した》のURLから無料《むりょう》でダウンロードできます。プリントアウトして使《つか》ってね。

チャレンジシート
https://www.shoeisha.co.jp/book/download/9784798165028

※チャレンジシートの画像はイメージです。実際に提供されるファイルとは異なることがあります。

「情報をデジタル化するツールはたくさんありますが、デジタル化した情報をもう一回物理的世界に取り出す『デジタルフィジカルツール』というものが意外にないんです。そうした意味でもtoioが活躍してくれそうです」（渡邊）

渡邊　完成品であるｔｏｉｏは「ロボット開発」に関する創造力を省けるので、イマジネーションにリソースを割けるという点ではツールがあることは、大事ですね。

　実は子どもの時に悲しい体験があって、展覧会に出す工作で工夫をしたら、何人かが「それいいね」ってマネをし始めたんです。私はプロトタイプとしてアイデアを出して作るのは得意だったんですが、仕上げるセンスはありませんでした。結果として、展覧会では最初に考え付いたはずの私の作品が、いちばん劣化したコピーみたいになっていました（笑）。

田中　オリジナルのアイデアの完成度がすぐに高められるツールも大切ですし、「オリジナルのソースコードがこれで、これを継承したんだよ」というリテラシー、マナーを身につけるのも大事ですね。

渡邊　まあ、みんな得意不得意があるのですが、自分が何が得意なのか、小学校のころはわからない。成績ではなく、「興味の数値」にしてくれたらわかりやすいんですけどね。そういうメタ認知する枠組みをもう少しどうにか作れればいいなと思います。ｔｏｉｏみたいなツールが出てきたことで、やりやすさは急上昇しましたし。

田中　そういうところに貢献したいと思いますね。どんな表現にも合うよう、プレーンなものを作りたいという思いはありました。

プログラミングというツールで体験を可能にする

渡邊　私のいる先端メディアサイエンス学科は、スマホ普及以降の二〇一三年にできた非常に新しい学科なんです。一年生から三年生までがプログラミングを必修としていて、他大学と比べて多くのプログラミング言語を学んでいます。その際、特に一年生ではプログラミングが苦手にならないように配慮しています。一年生は最初の二カ月間で「ＨＳＰ」という言語に挑戦し、二カ月後に作った作品を九十秒間で発表します。自分で作ったプログラムで人を楽しませ喜ばせて「プログラミングとは、こんな楽しいものなんだ！」と味を占める体験をしてから、次の「Ｐｒｏｃｅｓｓｉｎｇ」という言語で、今度は変数などを学んでいくというわけです。

田中　随分いろいろな言語を扱いますね。今後、ｔｏｉｏも、その授業の中で活用されていくんでしょうか

渡邊　ｔｏｉｏが単体発売されれば、もっと汎用的な使い方もできると期待しています。学ぶ言語が多い理由としては、「実はどんな言語でも、そんなに変わらないね」ということを学び、かつ「学び方を学ぶ」という意味でも非常に大事です。これから、いくらでもプログラミングも変わり得るので、学び方を学んでおかないと、学べないんです（笑）。また、私の学科の重要なミッションとして「プレゼンテーションからプロトタイピングへ」という言葉があります。プレゼンテーションだけではなく、プロトタイピングで体験可能にしていくことが非常に大事です。別の言い方としては、「見せるのでもなく話すのでもなく、動かす」。話すことも見せることも大事ですが、みんなプログラミングというツールを持っているのだから、体験可能にして伝える方法は大切だと常々学生に話しています。

田中　小学校からの学校教育の先に、こういう学びや世界があるんだという、素晴らしいロールモデルですね。貴重なお話をありがとうございました。

　ｔｏｉｏも、ゲーム的な楽しいあそびの例も増やしつつ、イマジネーションのツールとしても強化していきたいと思います。

「小学校の先生から、toioは手軽に使えて、45分という授業時間の中でも成果が得られる、と言っていただけました」（田中）

「誰かが面白いあそびをやりだすと皆マネする。あれを最初にやった人を大事にしたいですし、そういう人を増やしたいですよね」（渡邊）

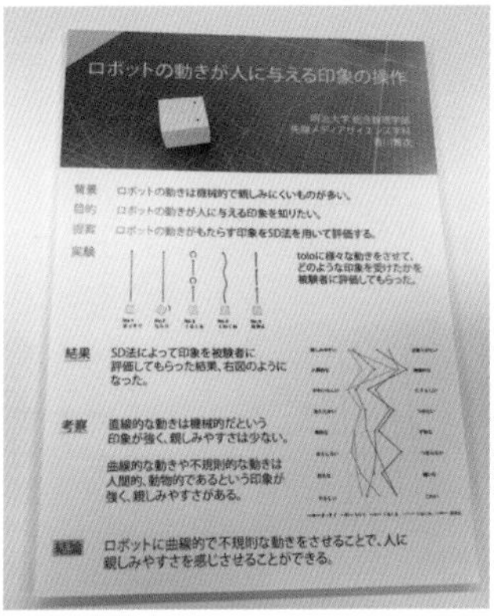

▲ 学生がハッカソンで発表した「ロボットの動きが人に与える印象」。toioにさまざまな動きをさせ、その印象の違いをまとめている

て手で直接関与するから共有性がよいですね。

これからの時代は「試す」ことができるツールが大切

田中　大学のゼミなどで、実際にtoioを使った例はあるのでしょうか。

渡邊　まず、toioが発売されたばかりの頃、学生とtoioを使って何ができるのかというアイデア出しをやりましたね。それから、ゼミでハッカソン（エンジニアたちによる共同開発イベント）を行った際、二年生の学生が「ロボットの動きが人に与える印象」というテーマで、toioを使った実験をしていました。

田中　研究の背景である「ロボットの動きは機械的で親しみにくいものが多い」というところが、面白いですね。

渡邊　こういう研究は本格的なものもいろいろあるかと思いますが、とりあえずハッカソンでロボットを手軽に使いたい場合、toioがあれば、準備も少なくすぐできます。

　学生の実験ではtoioにシールの目を貼り付けて、ビジュアルプログラミングで複数の動きをプログラムしていました。二年生でも、こういった実験がすぐできるという点は、とてもよかったですね。もしこれを他の教材でやろうとしたら、かなり大変です。手段が意外と大変なので、この表現を作ろうとしても簡単には作れないんです。toioでしたらハッカソンなどの環境でも、すぐに実験できます。

田中　確かに、「ハッカソンで使ってみたい」という声も、よくいただくようになりました。toioは動きの再現性が高いので、他の人が作ったソースコードをすぐに使える点も特徴だと思います。

　渡邊先生が今の学生に身につけていってほしいと思うことは、どんなことでしょうか。

渡邊　私は小さい時からずっとゲームよりブロック玩具が好きでしたが、それはおそらく試しやすかったからなんです。昔より未来が予測しづらい現在では、「何度も試す」というプロセスが大事になっていきます。試して、その結果を見て考える。小学生でもやれることとして、とにかく試すこと、試しやすい環境や道具をもつことが非常に重要であると思います。鉛筆と消しゴム、ホワイトボードや黒板もそうですが、やり直しやすいツールをたくさん身のまわりに持っていることで、結果的に考える力を育むことができると思います。アメリカの教育学者アラン・ケイが「未来予測する最良の方法は、それを作ってしまうこと」と言っているように、試すサイクルの高速化が、よりよい未来につながっていくのかもしれません。

田中　その意味では、プログラミングは、試すことに対する最強のツールですね。

渡邊　プログラミングは「試す」という行動を外在化できます。試すアイデアを他の人と共有して、さらに他の人が試し直すことが常にできるんです。試す手段が単純化することによって、何を作りたいかというイマジネーションに集中できる。メソッドより、イマジネーションが最終的には大事という方向に、ツールは進んでいると思いますね。

田中　toioは、まさにそれを目指しています。作ることを簡単にして、「ひらめく」ことを大事にしています。

大学で活躍するtoio

明治大学
渡邊 恵太 氏
×
ソニー・インタラクティブエンタテインメント
田中 章愛

大学の研究室でも使われているtoio。明治大学の総合数理学部先端メディアサイエンス学科の渡邊恵太先生に、toioがもつフィジカルならではの活用法をうかがいました。

toioは実世界のフィジカルプリンター（表現装置）

田中章愛（以下、田中） 渡邊先生はインタラクションがご専門ですが、toioでどんなことができるとお考えですか。

渡邊恵太氏（以下、渡邊） 研究のひとつに情報の実体化があり、そこでtoioを使うアイデアとして、面積を実世界のサイズで変換するのに、toioが四隅に移動してサイズを教えてくれるといった例を考えてみました。画面の中で分かりにくいものを物理世界に取り出すという、ある意味、実世界のフィジカルなプリンターのように使えるんじゃないかと考えています。ロボットというと、個体として見がちですが、私個人としては、toioは変形する素材……物理的制約をダイナミックに変えやすい素材というイメージです。

田中 開発者としてもともと興味がある分野だったので、非常に面白いですね。

渡邊 toioのサイズでは現実的ではないですが、道路を交通規制する時に、複数のtoioが動いて道を狭めていくといった、物理的な構造の制約を与えるような使い方もできるかもしれません。自宅でtoioであそんでいたら、犬もtoioを認識していました。そこで、言語を解さないので、動物とのインタラクションなおもちゃ、動物を誘導するようなものもできると思いました。画面の中で完結するものでしたら、いろいろなツールはありますが、フィジカルならではの物理的特性を生かしていきたいですね。

田中 なるほど。動物とのインタラクションはまったく考えていなかったですね。

渡邊 わが家の犬はトイプードルなので、「トイオプードル」とか（笑）。動物園とコラボして、toio越しに動物とあそべるものなども面白いですね。

田中 さすが、インタラクションを研究されているだけありますね……。toioは、単にプログラミングできるだけでなく、もっと汎用《はんよう》的に使えたらいいなと考えていました。

渡邊 個人的に、toioをキャラクターとして使うことは考えていなかったんです。逆に、キャラクターとして使うのであれば、ストーリー作りが得意な演劇などの方に渡すと面白いかもしれません。舞台の演出を作るとか……。でも、それなら画面の中でもできますね。私としては、画面の中でできることなのか、そうでないかを重要視します。キャラクターだけなら、画面の中だけで動き、映像をプログラムで生成するだけでいいんじゃないのかなと思いますね。でもあそびという面だと、コンピューターより、toioのようにフィジカルなもののほうが、マットの前に数人集まっ

明治大学　総合数理学部
先端メディアサイエンス学科 准教授
渡邊 恵太

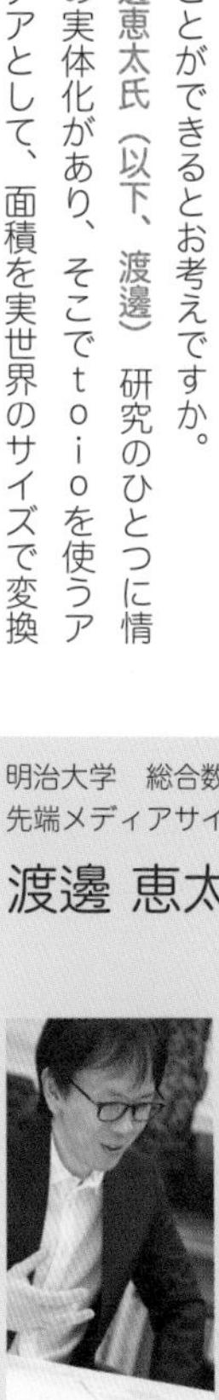

専門分野は「インタラクションデザイン研究」。著書に『融けるデザイン ーハード×ソフト×ネット時代の新たな設計論』（ビー・エヌ・エヌ新社 刊）がある。

『工作生物ゲズンロイド』は2019年度のグッドデザイン賞「グッドデザイン金賞」を受賞しました！

グッドデザイン賞 審査委員による評価コメント

　自分の作った生物が動く。そんな夢想を形にしてくれる。ここで作るのがロボットではなく生物というのがそそられる。「デジタルものづくり」ではなく、「動く紙工作」である点が興味深い。コンセプトはもちろんのこと、アナログとデジタルの融合の仕方、好奇心を刺激する演出、命を吹き込む動きのデザイン、ネットを活用した展開手法など、すべてが秀逸な作品。

「2019年度グッドデザイン賞」において、『工作生物 ゲズンロイド』が「グッドデザイン金賞」を、『GoGo ロボットプログラミング　~ロジーボのひみつ~』が「グッドデザイン賞」を受賞しました。

優秀作3作品が決定

ワークショップではたくさんの素晴らしい工作生物が生まれましたが、その中でもアイデアが光る3作品が、優秀作として選ばれ、一般展示されました。

ホネホネ

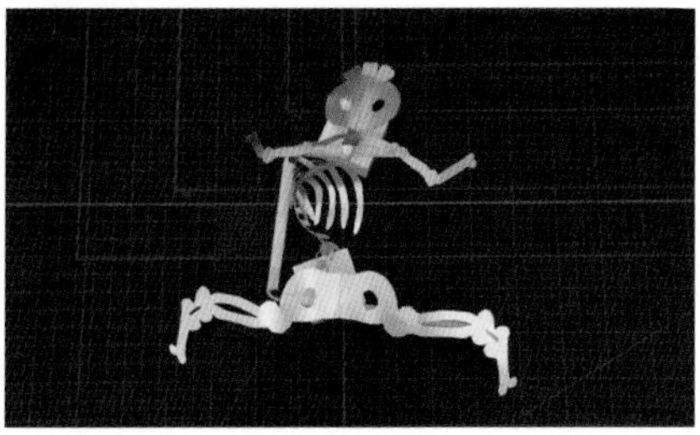

◀2台のキューブをストローでつなぎ、上半身と下半身で動きを分けたゲズンロイド。くねくねした独特の動きがユニーク

マジョンとコウモロイド

◀ハロウィンらしいコウモリと魔女のゲズンロイド。床に置いたものを散らかしまくる。邪魔されたときのアクションも秀逸

イルコロイド

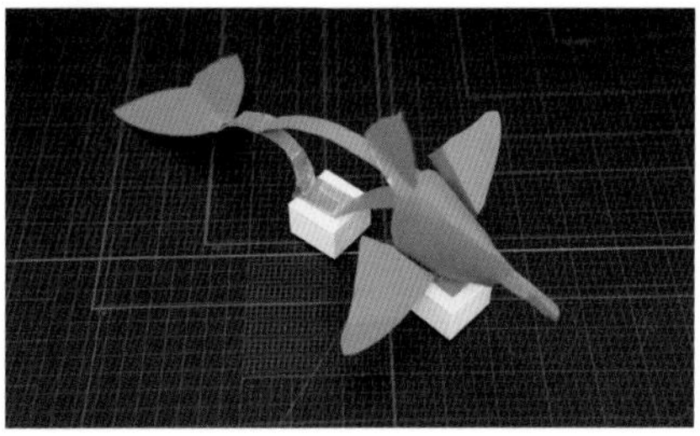

◀ひれや尾が付いた、海の生物らしいデザイン。首を振ったり、体を曲がる方向に向けたりと、動きも非常に凝った作品

ユーフラテスのお二人から

今回コンテストを終えて、自分たちも思いつかないようなアイデアをたくさん見ることができて、非常に面白かったです。（佐藤氏）

アイデアを考えるときに大事にしてほしいこととして、自分が面白いと思った瞬間を丁寧にキャッチして、新しいものを作っていってほしいと思います。（山本氏）

toioと大人の工作

シンプルなデザインのtoioは「工作」とも非常に相性がいいのです！
ここでは、大人が本気で工作したゲズンロイドの作品をご紹介します。

大人も夢中になるｔｏｉｏの工作

ｔｏｉｏで楽しめるのは子どもだけではありません。

二〇一九年十月に開催した大人向けのワークショップでは、大人たちが真剣にｔｏｉｏの工作に挑戦しました。この日のテーマは「渋谷のハロウィン」。『工作生物ゲズンロイド』を使って、自分の考えた新しい生物を作り出します。使った道具は、色とりどりの画用紙やモール、毛糸など。ハサミで切ったり、テープやのりで貼り付けたりしながら、思い描いた生物を作っていきます。また、作った生物に合わせた動きも考えました。

こうして生まれた新生物は、誰一人として同じものがなく、個性豊かなものになりました。全作品の中から、審査員であるユーフラテスの佐藤匡さんと山本晃士ロバートさんが優秀作三作を選出。入賞した参加者からは「映像制作・写真をやっているが、いろいろなアドバイスを受けたことで刺激を受けて、表現の幅が広がった」「普段は金属で工芸品を作っているが、そこにテクノロジーをかけあわせたことはなかったので、今回は新鮮だった。今後はテクノロジーを取り入れ、動きがあるモノを作っても面白いと思った」といった声もあがっていました。

佐藤さんは、「自分ができない分野を得意とする人と一緒に組むこともおすすめです。できることや表現が広がります」と参加者へ、創作活動へのアドバイスを語ってくれました。家庭だけでなく、学校・会社などでも、ｔｏｉｏを使ったワークショップをとおしてコミュニケーションやクリエイティビティの力を育む効果が期待できそうです。

渋谷のハロウィンをテーマにした新たな生物を制作するワークショップ

ソニースクエア渋谷プロジェクトで開催されたワークショップは、「ピタゴラ装置」を手掛けているクリエイティブ・グループのユーフラテスが企画段階から参加しました。

▲審査員を務めた、ユーフラテスの佐藤匡氏（写真左）と山本晃士ロバート氏

子どもにプログラミングを
教えることができる
こんな商品が欲しかった！

全国の親御さんの声

- プログラミングのおもしろさを、子どもが理解できました。しかも短時間で!!（9歳）
- 子どもはプログラミングとドライブがとても気に入ったようです。プログラミングは、あそびが広がって長く楽しめそうです。（11歳）
- 頭で考え、本で見てプログラミングを組む様子を、親の目でも見ることができ、理解しやすかったです。（11歳）
- プログラミングは難しいと思っていましたが、絵本のプログラミングはとても楽しかったです。順番や基本通りということがなく、子どもたちが自由にできるのがすばらしいです。（4歳、6歳、9歳）
- 子どもが直感で楽しくあそぶことができました。（7歳）
- クラフトファイターみたいなおもちゃはないせいか、家にあそびに来たお友だちが夢中になってあそんでくれます。（7歳）
- クラフトファイター大会を定期的に開催してほしいです。（6歳）
- 小学生と幼稚園の兄弟で競い合ってあそんだり、クラフトファイターなどで一緒にあそんでいました。失敗と成功を繰り返すことで、成長のきっかけを作れていると感じます。（5歳、9歳）
- はじめてのお友達ともすぐになかよくなれる。素晴らしいと思いました。（9歳）
- ずっと飽きずにあそんでいます。クラフトファイターは自分で工夫する部分が多いので興奮してやっています。（6歳、8歳）
- とても楽しく、実際に動くことがこれほど重要なことを改めて感じました。（8歳）
- 子どもだけでなく、親だけで楽しんだこともあります。大人も楽しめるものになっていて、感心しました。（8歳）

親もついムキに
なってしまいました！

お父さんも
参加できるおもちゃ
として人気！

いっしょにあそんでいる人

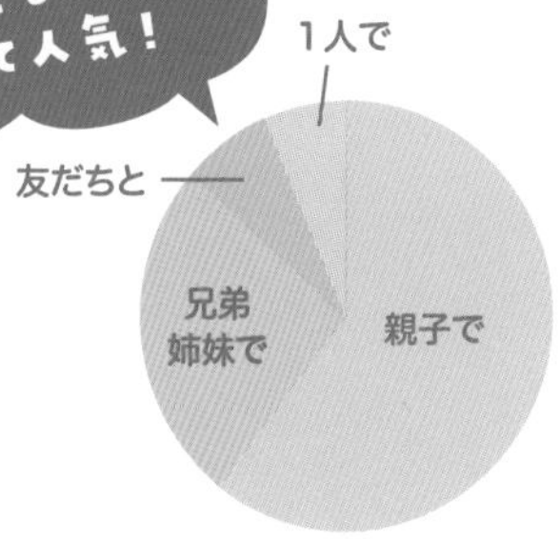

toioで好きなあそび

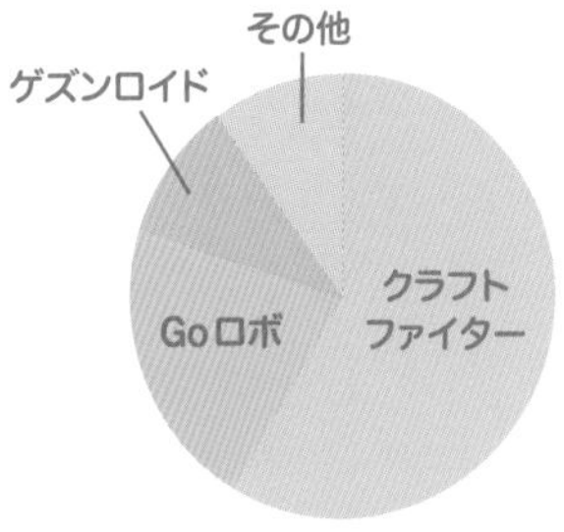

ｔｏｉｏユーザーの多くが親子で楽しんでいます！

これまでにｔｏｉｏを購入したユーザーの方や、ワークショップや体験イベントでｔｏｉｏであそんだ参加者のアンケートを通じて、ｔｏｉｏの気に入ったタイトルから、家庭でのあそび方までをお聞きしてみました。

その結果見えてきたのが、多くの方が家族でいっしょにあそんでいるということです。今回取材した楢林さんのご家庭のように、ｔｏｉｏが親子のコミュニケーションツールになっていることを改めて実感しました。また、「大人も楽しめる」といった感想もあり、「子どもにつきあってあそぶ」というよりも、「大人も真剣にあそんでいる」シーンも多いようです。ぜひ、ｔｏｉｏを通じて、ご家族の楽しい思い出を作ってみてください。

※toioの「FirstFlight」ユーザーに向けたアンケート調査より（2019年）

親子でいっしょにtoioを楽しむ

楢林 敦 さん & 奏多 くん（東京都 品川区）

▼小児科医の楢林さんは「aibo」を購入したほどの大のソニー好き。長男の奏多くんは、複数の習いごとをこなす多忙な小学5年生です

父子のコミュニケーションはtoioでの真剣勝負

東京に住む楢林さんのご家庭では、ガジェット好きなお父さんの敦さんが購入したtoioが、多忙な父と子の大切なコミュニケーションツールになっています。

二人がよくあそぶのは、toioの中でも「クラフトファイター」です。敦さんが昔から集めていたという豊富なブロックを使い、二人でオリジナルロボットを作って戦うのが、週末の楽しみのひとつになっているそうです。また、戦いをより楽しむために、重量制限のルールを設け、作ったロボットはスケールを使い重量をチェックするという本格派。勝負になると、二人とも真剣な顔つきでtoioリングを操作します。なかなかお父さんに勝てない奏多くんは、何度も果敢に勝負を挑んでいました。

「子ども相手でも、手は抜きません（笑）。わたしの作ったロボットを借りて自分なりのカスタマイズをして勝負してくることもあり、今度はそれを倒すためのロボットを組む……といったあそび方もしています」と、敦さんは話します。

普段は、習いごとの前に、毎日公園で元気にあそんでいる奏多くんですが、友だちにもtoioは人気で、みんなであそぶことも多いそうです。最近は『トイオ・ドライブ』で運転を楽しんでいますが、「自分でも、toioでゲームを作ってみたい」と「ビジュアルプログラミング」にも意欲を見せていました。

「将来的には、作られたものに対して受け身でいる人間ではなく、能動的に考えて作る側になってほしい。そして考える際のプロセスを大事にしてほしいですね」と話す敦さん。「toioはテクノロジーはすごいのに、それを感じさせないバランスが気に入っています。これまで、息子はプログラミングにあまり興味を示さなかったので、toioを通じてもっと経験してほしいですね」という期待を話してくれました。

▲父と子が本気で作りこんだロボット。楢林家では重量制限のルールを設け、キッチンスケールで重量をチェック

▲プログラミングに挑戦する奏多くん。難しい問題に頭を悩ませていると、お父さんがアドバイスやサポートをしていた

toioで こんな作品を 作ってみました!

紙コップとねんどで オリジナルロボットを 作ったよ

▶小さい子どもでも参加できる、toioを使ったオリジナルロボット作り

作って 操作するのが 楽しい!

◀姉妹で参加している2人。ブロックでロボットを作り、クラフトファイターに挑戦!

まわるおみくじ!

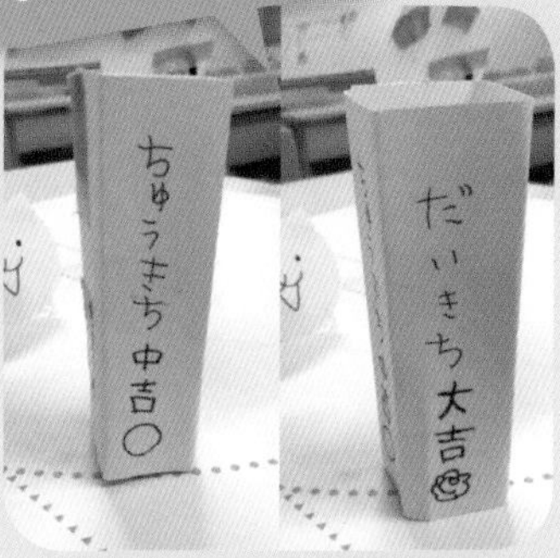

▲「大吉」や「中吉」と書いた画用紙を巻いて、toioを回せば、「まわるおみくじ」の完成です!

ういう場所です。危険な行為以外は禁止事項はなく、『ここでなら、好きなことができる』とわかった子どもたちは伸び伸びとあそび、自分の友だちをどんどん連れてくるようになりました」と、あき先生は話します。

toioがあれば ものづくりの幅が広がる

鎌らぼには「プログラミング基礎コース」と「ゲームクリエイターコース」があり、前者ではtoioをはじめとしたさまざまなプログラミング教材を活用しています。教室には、toioとマットが二組設置されてあり、子どもたちは好きなときにtoioに触れることができます。

これまでに、紙コップと粘土などを使って、自分の考えたオリジナルのロボットを作成してtoioにかぶせて動かしてみたり、toioのクルクルまわる動きを応用し、おみくじロボットなども制作したりしています。一クラスで二十人以上の研究員が集まることもありますが、まな先生は一人ひとりに目を配り、お迎えに来た保護者に今日の様子を伝えています。一方あき先生は、縁の下の力持ちとして、鎌らぼの機材の手配や教材の作成などを担当し、二人で役割分担をしているそうです。

これまでプログラマーとして、ゲーム制作などに携わってきたあき先生は、toioの機能に大きな期待を感じていると話します。

「子どもたちはまったく気づいていませんが、実はtoioはこんな小さいのに高性能なモーターで動いていたりと、本当にすごい機能が詰まっているんですよね。学校の授業でも、先生の創造力次第でいくらでも広げられる教材だと感じました。また、家庭でも理系分野が苦手なお母さんであっても、toioなら気軽に取り組めるので、子どもに〝いいところ〟を見せられるチャンスだと思います。鎌らぼでは、今後は『ビジュアルプログラミング』も、子どもたちに挑戦してもらいたいと思います」

▲toioコーナーの横のスペースには、大量のブロックが置かれている

▲好きなブロックを組み合わせて、自分だけのロボットが作れる

▲できあがったら、みんなで早速クラフトファイターで対戦!

地域のパソコンクラブでtoioを活用

鎌らぼ／吉田昭弘さん、吉田真奈美さん（神奈川県 鎌倉市）

▼講師を務める吉田真奈美さんと、教材作成や機材を担当する吉田昭弘さんのご夫婦。3人の子どもたちも「鎌らぼ」のメンバーです

子どもたちは研究員として好きなことに取り組む

江ノ島電鉄「江ノ電」の七里ヶ浜駅から徒歩五分。夕方の市民会館に子どもたちが次々とやってきます。二〇一九年五月にスタートした「鎌らぼ」は、鎌倉市の幼稚園から中学生までがプログラミングを楽しむ地域のパソコンクラブです。この日やってきたのは、幼稚園から小学生までの十七人。子どもたちは、まず配られたプログラミングのプリント一ページをこなし、その後一目散にパソコンやｔｏｉｏに向かいます。ある子は真剣に「マインクラフト」の課題に取り組み、ある子はブロックを使って、ｔｏｉｏのクラフトファイターで戦うロボットを組み立てています。「ここでは、自分の好きなことを、好きなだけやることができます」と話すのは、夫婦で鎌らぼを主催している、「まな先生」こと吉田真奈美さんです。三人の子どものお母さんでもあるまな先生はガジェット好きのご主人である「あき先生」こと昭弘さんが購入したｔｏｉｏを家族であそんだことがきっかけで、地域の子どもたちが楽しめる場を作ろうと決意したと言います。「あそびながら学び、自分でステップアップしていけるｔｏｉｏは、子どもたちの教材にとても向いていると思いました。そして、鎌らぼを始めたもうひとつの理由が、支援学級に通う小学四年生の長男が得意とすることができる場所を作りたいと思ったからです。学校と違い、息子も鎌らぼでは教える人になることができます。ここでは教え合いがいろいろなところで見られ、小学一年生が中学生に教えていることもあります」。

▲鎌らぼの講師をひとりで務める、まな先生。子ども一人ひとりの成長をしっかりと見守っています。

現在では、市民会館で週二回開催しているほか、幼稚園や鎌倉市立小学校の学童での出前授業なども行っています。

「鎌らぼでは全員が研究員となり、想像力を形にできる場所にしたいと思っています。子どもが全力であそんで『こんなおもしろいものができたよ！』と言って見せてくる、そ

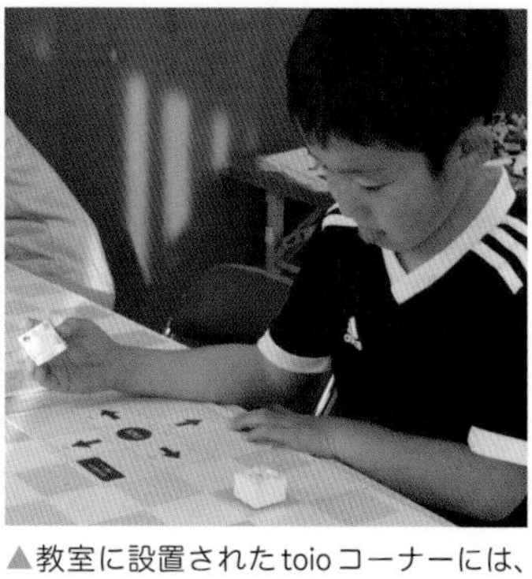

▲教室に設置されたtoioコーナーには、入れ代わり立ち代わり子どもたちがやってきてあそんでいました。

LITALICO ワークショップ

「ロボットトイtoioでロボットサッカーにチャレンジ！」

この授業では90分間で、toioとビジュアルプログラミングによる、サッカーゲーム作りに挑戦しました。自由度を大切にし、アイデアを形にしていきました。ゴールの座標を調べて突進するプログラムや必殺技、ピンチの時に自分のゴールを守るプログラムなど、一人ひとりの個性が出る作品ができあがりました。さっそく、できあがったサッカーゲームを皆で楽しみました。

プログラミング初心者も、サッカーゲーム作りに挑戦！

◀マットの角にゴールを設け、toioがサッカー選手となって、ボールをゴールに入れるプログラムを作った

◀夏と冬にtoioのワークショップを開催。できあがったサッカーゲームを皆で楽しんだ

toioと何かを組み合わせて面白い授業ができそう

——加藤さんは個人的にtoioも研究されていて、かなりお詳しいそうですね。toioとのファーストインプレッションはいかがでしたか？

加藤　そうですね。私は、社内ではすっかりtoio担当になっています（笑）。toioを初めて見たのはまだ一般販売される前でしたが、ロボットが好きな子も、ゲームを作るのが好きな子も共通で楽しめるものだと感じました。プログラミングができるようになることだけでなく、ブロックが使えることもあり、全年齢に使いやすいと思いました。

——フィジカルなロボットであることで、プログラミングへのハードルも下がっているように感じられますか？

加藤　ロボットが好きなお子さんは画面の中で動かすものより実際のtoioを動かせるほうが、プログラミングをやってみたいという動機になりやすいと思います。

授業のテーマのひとつに、「スキンシップで仲間づくり」があります。サッカーでは競争中心になりがちですが、toioで宝探しというカリキュラムは、二人で協力して宝箱を運ぶというもので、コミュニケーションも生まれていました。子どもたちの性格もよく出ていて、堅実に進めるお子さんや、一発逆転を狙うお子さんなどもいました。そういったあそびのデザインが生まれてくることも、非常に面白いと思います。

——では、プログラミング教育の観点から考えた際、toioは今後どのような活用が期待できるでしょうか。

加藤　これからものづくりやプログラミングを始める入り口として素晴らしい教材だと思っていて、toioと何かを組み合わせることがいろいろできる気がしますね。「toioで日常生活を工夫するものを作る」といったものも面白いと思います。また、組み立てが必要なく、すぐ触れるためハードルが低く、出張授業などでも導入しやすいと思います。

——ものづくりの観点ではどうでしょう。

加藤　スタッフからは、3Dプリンターでtoioにかぶせるものを作りたいという声も出ています。自分のtoioの側面にシールを貼ったり色を付けたりしている子もいました。toioは工夫次第でいろいろなものに作り変えることができるので、今後も使っていきたいと考えています。まだまだ公開されている仕様を使いきれていないので、もっと活用していきたいですね。

▲2019年は1万人以上が訪れたLITALICOワンダーの作品発表会「ワンダーメイクフェス6」。教室に通う子どもたちが、自分の作品をプレゼンする

プログラミング教室でtoioに挑戦

IT×ものづくり教室「LITALICOワンダー」

▼首都圏を中心に展開しているLITALICOワンダー。toioを使ったプログラミング講座が人気ということで、その内容をお聞きした

ワークショップ「持ち帰れる体験を大切に」

——LITALICOワンダーでは、これまでtoioを使ったどのような講座が開催されたのでしょうか。

加藤智紀氏（以下、加藤）　二〇一九年の夏と冬に、toioでプログラミングしてサッカーゲームを作ろうという90分のワークショップを行いました。

——サッカーゲームというと、本書でも作例を紹介していますが、子どもたちの反応はいかがでしたか。プログラミング初心者の子も楽しめていたでしょうか。

加藤　子どもの吸収スピードは、大人が考えているより圧倒的に早いです。参加者はビジュアルプログラミング体験者が多かったですが、初めてプログラミングをした子もいました。でも、十五分もたつと、一人でどんどん進めるようになります。初めての子は自分のプログラミングでtoioが動いたことにまず感動していましたが、慣れた子だと「自分が思っているようにどこまでtoioを動かせるか」ということに挑戦していましたね。プログラミングスキルがなくても、アイデアベースで気づくことが大切なので、「こんなことできるかな」と思いついたら、スタッフに相談していただければ、どうやったら形にできるのかをサポートしていきます。

——toioのワークショップをやってみて、どんな発見がありましたか。

加藤　toioに限らず、いつも予想外の気づきがありますね。そして、LITALICOワンダーではしつこいぐらい毎回のワークショップをふり返り、改善点を各校で連携して話し合っています。スキルやモチベーションもバラバラの子たちが来るので、一人ひとりに合わせた工夫をしています。また、カリキュラムを作ったあとは、必ず子どもたちに実際に試してもらうテストをしています。当初はサッカーボールをピンポン玉にしようと考えていたのですが、子どもたちから「それは子どもだましだよ」と言われて、小さいサッカーボールに変えました（笑）。

——なるほど。裏にはそんな工夫があったのですね！　他に、ワークショップを行ううえで、気をつけていることは何でしょうか。

加藤　参加した子どもたちが、気づきを得られることを大切にしています。九十分という制約の中で、「もっとやってみたい」とか「これが楽しかった」といった「持ち帰れる体験」を作るようにしています。ご自宅に帰ってから、家族に「こんなことをしたよ」と話せるように、作品の写真を撮って修了証のようなものを用意したこともありました。

株式会社LITALICO
LITALICOワンダー事業部
サービス開発グループ
エンジニア／イベントプランナー／コミュニティマネージャー
加藤 智紀

エンジニア／イベントプランナー。個人としてtoioのものづくりコミュニティの運営を行っている。

ワークショップの流れ

導入　5分

今日の流れを伝える

最初に、子どもたちに向けて今日やることを簡単に説明し、「プログラミングをしてあそぶ」ことを話します。ここでは、プログラミングの勉強をするのではなく、ぜひ「楽しくあそぼう」ということを伝えてみてください。

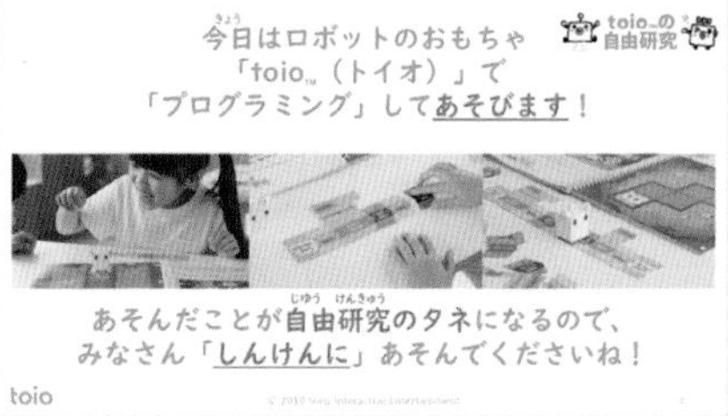
今日《きょう》はロボットのおもちゃ
「toio™（トイオ）」で
「プログラミング」してあそびます！
toio™の自由研究
あそんだことが自由《じゆう》研究《けんきゅう》のタネになるので、
みなさん「しんけんに」あそんでくださいね！
toio

プログラミングの基本　5〜10分

プログラミングのことを知ろう

toioを動かす前に、まずはプログラミングについて基本的な知識を得ることから始めます。現代の私たちの社会にはたくさんの「コンピューター」があり、「プログラミング」が活躍していることを子どもたちに気づかせます。

くらしを支《ささ》える
プログラミング・・・
どこにかくれて
いるかな？
toio™の自由研究
toio
© 2019 Sony Interactive Entertainment

プログラミングに挑戦❶　30分

命令カードでロボットを動かす

いよいよtoioの登場です。toioの基本操作と、今回使う「Goロボ」の2台のロボットや命令カードについて簡単に説明します。小学校低学年の子どもに向けては、Goロボの冒頭部分を読み聞かせしてあげる時間も好評です。

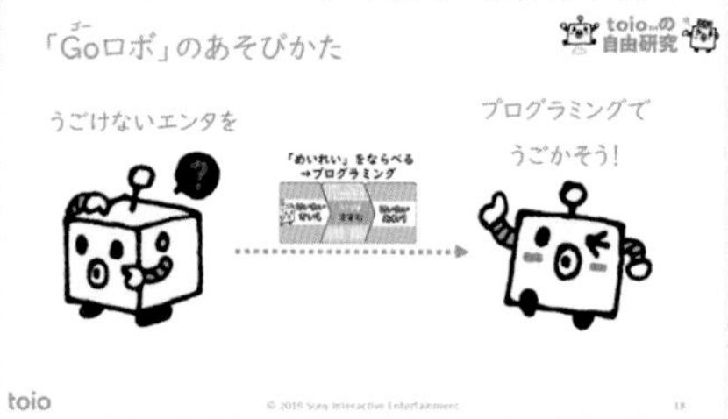
「Go《ゴー》ロボ」のあそびかた
toio™の自由研究
うごけないエンタを
「めいれい」をならべる
➡プログラミング
プログラミングで
うごかそう！
toio
© 2019 Sony Interactive Entertainment

プログラミングに挑戦❷　10分

プログラミングの3つの基本をおさえる

「順次」「反復」「分岐」は、プログラミングで大切な3つの要素として、Goロボの体験をとおして子どもたちに伝えたいポイントです。日常ではあまり聞きなれない言葉なので、みんなで声に出して覚えるのもおすすめです。

toio™の自由研究
プログラミングの3つのキボン
すべてにつかわれているよ！
・順次《じゅんじ》
・反復《はんぷく》（Goロボではくりかえし）
・分岐《ぶんき》（Goロボではじょうけん）
くりかえし
じょうけん
toio
© 2019 Sony Interactive Entertainment

発展活動　10分〜

身のまわりのプログラミングを探そう

ワークショップの長さにもよりますが、プログラミング体験だけで終わらせず、可能であれば、最後に今日の体験をもとにアウトプットする時間を設けましょう。気づいたことをシートに書いたり、一人ひとり発表したりするのもよいでしょう。

生活《せいかつ》のなかにある
toio™の自由研究
「反復《はんぷく》（くりかえし）」や「分岐《ぶんき》（じょうけん）」を
みつけて、せつめいしてみよう！
はみがきも？
そうじも？
料理《りょうり》も？
toio
© 2019 Sony Interactive Entertainment

この他にも、「ビジュアルプログラミング」を使って
オリジナルゲームを作ってみたり、
「クラフトファイター」で大会をしてみたりなど、
さまざまなワークショップができますよ！

toioでワークショップをやってみよう

toioは友だちや大勢の仲間とあそぶと、さらにあそびも学びも広がります！そこで、toio公式イベントでも使用したワークショップシートを使い、手軽にワークショップを行うノウハウをご紹介します。

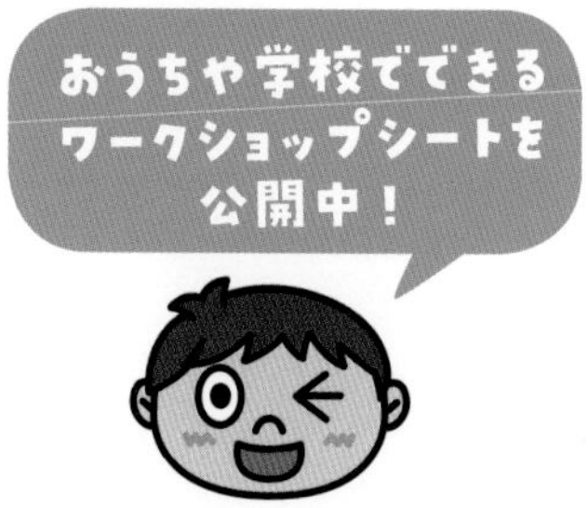
おうちや学校でできる
ワークショップシートを
公開中！

toio™の自由研究
特別《とくべつ》ワークショップ
～ロジーボと身《み》のまわりにかくされた
プログラムを探《さが》してみよう～
2019年8月8日　オンライン配布版　ver1.0
監修：株式会社CANVAS
発行：ソニー・インタラクティブエンタテインメント
toio
© 2019 Sony Interactive Entertainment
2

●ワークショップシートのダウンロードはこちらから
https://toio.io/holiday_research_project/#report

初めてワークショップを主催される方向けに、ｔｏｉｏと『ＧｏＧｏロボットプログラミング～ロジーボのひみつ～』（以下、Ｇｏロボ）を使ったワークショップの手順を解説します。Ｇｏロボは、パソコンやタブレット、ネット環境などが必要ないため、手軽にワークショップで使うことが可能です。１０９ページで紹介している「鎌らぼ」や、ＣｏｄｅｒＤｏｊｏなどの地域のプログラミングクラブでも、Ｇｏロボを使ったプログラミング体験教室などを行っているところがあります。

学校やクラブ活動、地域の子ども向けイベントなどでも、機材がそろえば手軽に行うことができます。また、ご家庭でもお友だちを集めて、みんなで挑戦してみるのもよいでしょう。公開しているワークショップシートは夏休みの自由研究をテーマにしていますが、通年使えるものですのでぜひ挑戦してみてください。

準備するもの

・toio本体セット

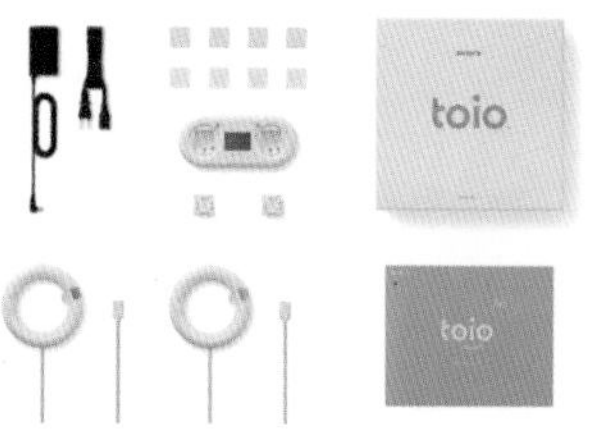
toio
toio

・GoGoロボットプログラミング
～ロジーボのひみつ～（Goロボ）

toio
GOGO
ロボットプログラミング
ロジーボのひみつ

・電源タップ、延長コード
・ワークショップシート（人数分）

toioとGoロボは、3人に1セットぐらいでも楽しめますが、得意な子だけがどんどん一人で進めたり、動かしたりしないよう、指導する側が配慮してあげるとよいでしょう。

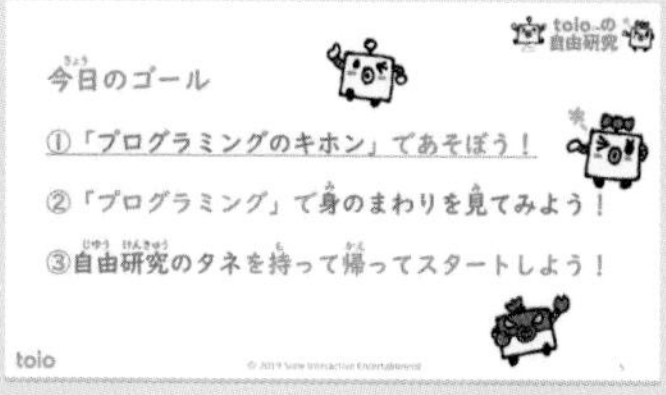
toio™の自由研究
今日《きょう》のゴール
①「プログラミングのキホン」であそぼう！
②「プログラミング」で身《み》のまわりを見《み》てみよう！
③自由《じゆう》研究《けんきゅう》のタネを持《も》って帰《かえ》ってスタートしよう！
toio

◀このワークショップでは、3つのゴールを目指して順に進めていきます。

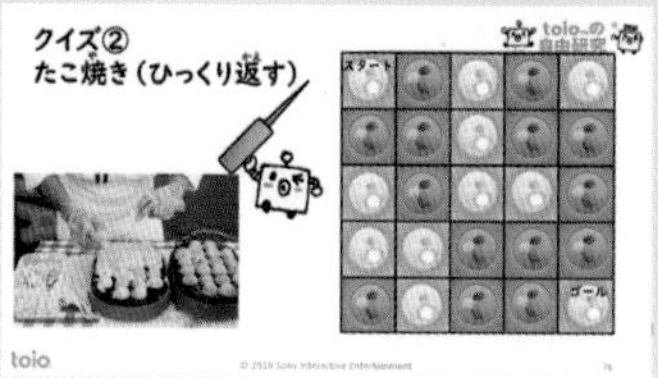
クイズ②
たこ焼《や》き（ひっくり返《かえ》す）
toio™の自由研究
スタート
ゴール
toio

◀シートの最後にある問題は、ワークショップで得た学びをもとに考えさせるものになっています。

▲オリジナルの技をプログラムで作り出そう！

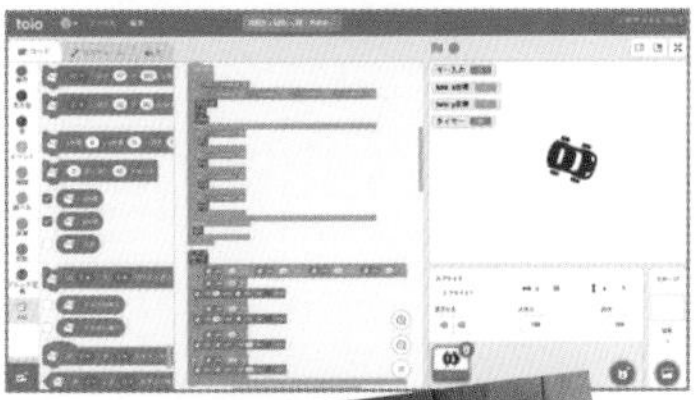

▲特別なコントローラも登場！

コンテスト優勝者に特製トロフィーを贈呈！

Maker Faire Tokyo 2019 toioのビジュアルプログラミングでロボットコンテスト！

オリジナルの相撲ファイターを作ろう！

使用タイトル トイオ・コレクション ＋ ビジュアルプログラミング

2019年8月に開催された、ものづくりの祭典「Maker Faire Tokyo 2019」にtoioが出展し、体験会とプログラミングのロボットコンテストを行いました。

コンテストでは、まず前半でビジュアルプログラミングのワークショップを行い、後半でコンテスト用の相撲ファイターを作りました。toioにブロックを組み合わせてオリジナルのロボットを作り、さらにビジュアルプログラミングで、オリジナルの技をプログラムして大会に挑みます。優勝者には、ブロックで作られた特製のトロフィーがプレゼントされました。夏休みということもあり、当日は多くの親子連れがブースを訪れて、toioを楽しんでいました。

「ロボット × 紙工作!?」ゲズンロイド工作会

～最先端の紙工作を楽しもう～

使用タイトル 工作生物 ゲズンロイド

2019年9月に、ソニー・エクスプローラサイエンス（2019年に閉館）で開催されたワークショップでは、toioの動きを楽しんでもらうだけでなく、キューブの上にものをかぶせることで、あそびの幅が広がること、さらには紙工作を通じて工作の楽しさを知ってもらいました。

会場では、黙々と作品作りに没頭する子や、子どもと同じくらいに夢中になるお母さんたちが親子で工作を楽しみ、作った作品をtoioに取り付けて、動きを楽しんでいました。

今後のtoioのイベント情報は、右のサイトでご確認ください！

子どもたちの想像力が形になりtoioによって動きました！

▼見た目も美し花とチョウのゲズンロイド

▲お母さんも本気で工作中

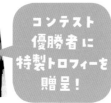

全国で開催されたtoioのワークショップ

これまでに全国で開催されたtoioのイベントから、自由研究のワークショップやクラフトファイター大会などの様子を紹介します。

toio™の自由研究

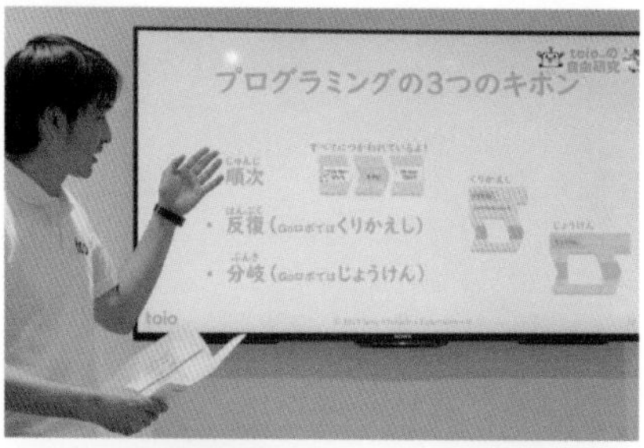

◀toioを初めて触る子がほとんどでしたが、真剣に取り組み、命令カードの置き方にも一人ひとりの工夫が見られました

「toio™の自由研究」

～ロジーボと身の回りに隠されたプログラムを探してみよう～

使用タイトル GoGoロボットプログラミング ～ロジーボのひみつ～

2019年の夏休みに自由研究をテーマにした特別ワークショップ「toioの自由研究 ～ロジーボと身の回りに隠されたプログラムを探してみよう～」が、全国で開催されました。『読売KODOMO新聞』の読者を対象に、プログラミングをはじめとしたワークショップを開催しているNPO法人CANVASが監修を担当し、プログラミング体験だけでなく、夏休みの自由研究にも活用できるワークショップとなりました。『GoGoロボットプログラミング ~ロジーボのひみつ~』を使い、プログラミングの基本要素「順次」「反復」「分岐」を楽しみながら身につけ、最後に「自由研究のタネ」を考えます。さらに、ワークシートなどのおみやげで、自宅に帰ってからも引き続き興味のあることを学べるように工夫しました。

新聞記者さんから「自由研究のまとめかた」のコツも教えてもらったよ

家でも楽しめるおみやげ付き！

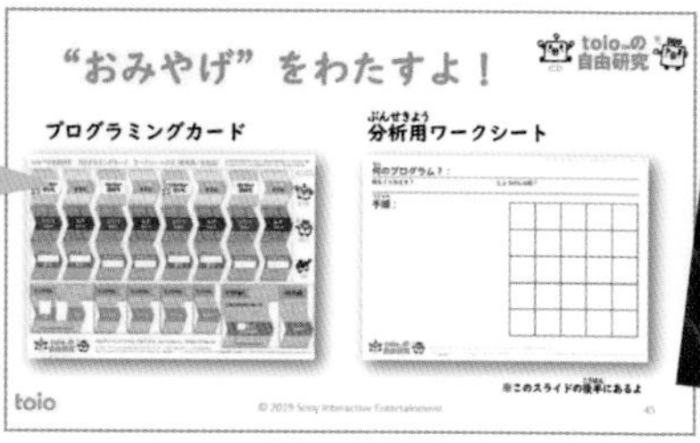

子どもだけでなく先生も楽しみながらプログラミングを学ぶことができる

人吉市立教育研究所情報教育部 会長
人吉市立中原小学校　元校長
林 敬三 先生

わたしは元々、プログラミングで学校の校務や授業支援のツールを作った経験があり、プログラミング教育については四年ほど前から関心を持って教材を研究をしてきました。

　二〇一九年にソニーが「プログラミングできるロボット」を発売すると知り、実物を見に行きました。実際に、ｔｏｉｏで子どもたちがあそんでいる様子を見て、「これならば子どもたちがとても好きになって、楽しみながらプログラミング的思考を育むことができる」と感じました。

　近年の学校には「〇〇教育」と名前が付くたくさんの教育が入ってきており、新しい学習指導要領ではプログラミング教育も入りました。しかし、プログラミング経験のない現場の先生は、最初の入り口が難しく苦労しています。その点、ｔｏｉｏは、子どもだけでなく、先生も楽しみながらプログラミング学習ができる、とても魅力的な教材になる可能性を感じました。特に素晴らしいと思ったのは、画面上ではなく、手を動かして実際のものが使え、それがプログラミングとリンクしていること、パソコンがなくても小学校低学年からプログラミングを楽しく学習できることです。さらに、高学年に向けてはパソコンを使った「ビジュアルプログラミング」などに挑戦することで、将来的には中学校の「情報」科目につなげていきたいと考えています。このように幅広い学年で長く使うことができるのも、ｔｏｉｏを選んだ理由のひとつです。

　また、今回の授業のように課題を見つけて解決していく際、話し合いながら協働的に学んでいくことは、学校教育でとても重要なものです。まずは、先生も子どもも楽しみながらｔｏｉｏでプログラムを体験し、プログラミング的思考を育んでいくことを期待しています。

子どもたちがどんな反応をするかとても楽しみ

人吉市教育委員会
鵜口 光和 氏

人吉市ではプログラミング教育を行うために、新しいプログラミング教材を検討していました。これまで候補としてあがっていた教材については、「本当に、これでプログラミング教育ができるのだろうか」という若干の不安感がありました。そんなころ、人吉市の情報教育部会で、林校長先生（当時）がｔｏｉｏを持ってきてデモを行いました。目の前で動いているｔｏｉｏを見て、参加していた部会の先生方から大きな拍手が起こったのです。その後、全会一致でｔｏｉｏを導入することに決まりました。さらに、人吉市ではｔｏｉｏの「ビジュアルプログラミング」もできるよう、新たにパソコンも導入して環境を整えています。

　現在、ｔｏｉｏは人吉市のすべての小学校に導入されています。子どもたちがｔｏｉｏを見て、どんな反応をするのか、とても楽しみにしています。

研修で実際にtoioを使って、プログラミングって、こういうことなんだー！と分かりました。動作の命令1つ1つがプログラミングしてるってことなんですね!! とても楽しく、プログラミングを学ぶことができました。

▲ 教員研修に参加した小学校教諭からは、toioを体験したことで、「プログラミングがわかった」という声も出た

After Report
授業を終えて……

toioは、わかりやすく子どもたちが夢中になる教材

人吉市立人吉西小学校　教諭
高田 敬史 先生

初めてtoioを見たとき、子どもたちがとても夢中になる教材だと感じました。また、画面の中だけで完結するソフトウェアプログラミングの教材と異なり、自分が命令したものが、目の前ですぐ動いてくれるtoioは、とてもわかりやすいと思います。わたしは、これまでまったくプログラミングの経験がなく、toioで初めてロボットやプログラミングに触れました。

それは子どもたちも同様で、授業を行う前に子どもたちに対してアンケート調査を行ったところ、四割がプログラミング自体を知らず、七割は身のまわりでプログラムがどのように使われているかを知らないことがわかりました。そのため、初回の授業では「プログラミングとは何か」というテーマで、現在は身のまわりにたくさんのコンピューターがあり、プログラミングが身近で使われていることを知ることから始めました。

この授業では、二十四人のクラスで二〜三人の班に分かれ、班の中でそれぞれ「ロボットを動かすための命令カードを並べる」「ロボットを動かす」「考えたプログラミングの記録をつける」係を作り、全員が授業に関わることができるよう工夫しました。理科の実験などでもそうですが、こうした授業では積極的な子だけがどんどん進めてしまう傾向にあります。そのため、必ず全員が参加できるように、それぞれの子どもたちの性格や得意なことを考え、三つの係を班の中で割り振っています。

また、四十五分の限られた時間の中で複数の問題に挑戦できるよう、プログラムを考え、ロボットを動かす時間を決め、話を聞いたり発言をしたりする時間とメリハリをつけました。その結果、子どもたちはtoioのロボットに大変愛着を持ち、楽しんで授業に取り組みました。

子どもたちの感想

学校でゲーム（Goロボ）は初めてしたけど、こんなにたのしいと思っていなかったし、ゲームはゲームでもロボットをうごかすのは初めてだったりでたのしかったです。

自分ではあまり考えたことのないものまでコンピューターだったりしてびっくりしました。そして自分でも作ってみたいなと思いました。

プログラミングというのはすごいなあとおもいました。

わたしはこうして機械にめいれいすることがなかったのでけいけんできてよかったです。正しくめいれいしないとまちがいどおりに進んでしまうことがわかりました。とても楽しかったです。

エンタくんがかわいかった！
もっといっしょにあそびたい！

本時の目標　「繰り返し」という命令の有用性に気づくことができる

1

前時の振り返りをし、本時の課題をつかむ

この授業の目標は、「『繰り返し』という命令の有用性に気づくことができる」ことです。まず、前の授業までに「繰り返し」や「アクション」などの命令を使ったこと、また、Goロボの主人公とは別の登場人物との関係を考えて、プログラムを構成する問題に挑戦したことを振り返ります。

2

例示したプログラムを実行する

今回は「Goロボ」の後半にあたる問題「3-2」に挑戦しました。まず先生が用意していたサンプルのプログラムを見て、そのとおりにプログラムを組みます。しかし、このプログラムは、あえて「繰り返し」を使わない長いものになっているため、子どもたちは「長いなぁ」と苦労して、プログラムを作っていました。

3

「繰り返し」を使ったプログラムを考える

長いプログラムを作ることによって、子どもたちは「ゴールはできたけれど、このプログラムでは長すぎる」と気づきます。そこで、「どうしたら、プログラムが短くできるか」をグループ内で考えてみます。実際に短くなるプログラムを考えたら、命令カードを並べて、正しくゴールするか試してみます。

4

今日の気づきをシートにまとめる

実際にプログラムを組んでロボットを動かしてみたあとは、発言の時間を設けて「どのようなプログラムにしたか」について、工夫したことを発表しました。最後に、全員で「ふり返りシート」を使って、今日の授業で気づいたことを、それぞれの言葉にしてまとめました。

公開授業を見学して

「わかった！」と言ってどんどんプログラムを組んで実行していくグループもあれば、なかなかうまくいかないグループもありましたが、共通していたのは楽しそうに取り組み、失敗しても「こうすればいいのかな」と、友だち同士で相談して、何度も繰り返し挑戦していたことです。そして、苦労して複雑なプログラムを見事完成させたときの、子どもたちの達成感の高さも大きく、「やったー！」と笑顔で笑いあっている姿が印象的でした。

先生の工夫がこらされた初めてのプログラミング授業

四年生のプログラミング教育は、「総合的な学習の時間」を使って、五時間にわたって行われました。指導者の高田先生は、子どもたちはプログラミングの知識がほとんどなく、漠然と「ゲームに関係している」というイメージしかないため、「プログラム（プログラミング）は身近なものである」ということに気づかせることから授業を始めたそうです。その後、toioを使ったプログラミングでは、簡単な問題から始め、スモールステップで進めていけるよう、単元の活動内容を工夫していきました。授業の準備から、子どもたちが楽しみながらプログラミングに挑戦する授業の様子までを紹介していきます。

授業にあたって準備したもの

児童用

- toio本体セット
- 「GoGo ロボットプログラミング ~ロジーボのひみつ~」
- ワークシート（プログラミング用、振り返り用。自作）

※児童2〜3人に1セット

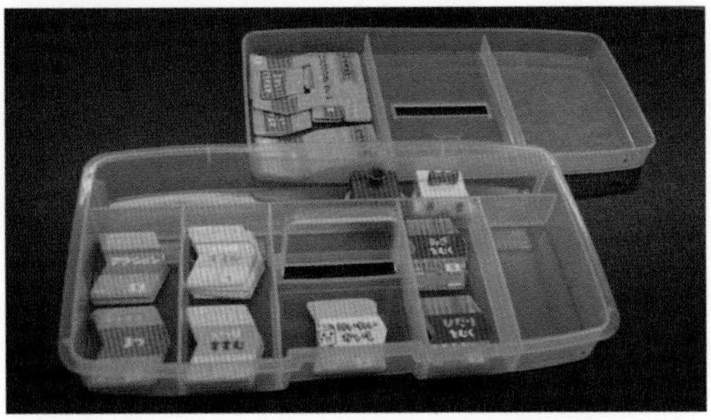

▲「命令カード」は仕分けできる箱に入れて管理した

教員用

- 黒板用の「命令カード」（マグネットで自作したもの）
- 書写カメラ
- ベル（時間を知らせるためのもの）
- 「toioを扱う際の注意事項」を明記した紙　など

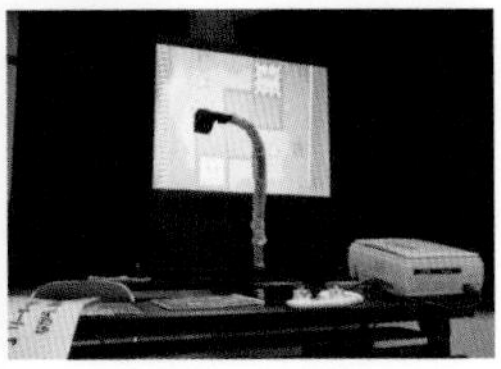

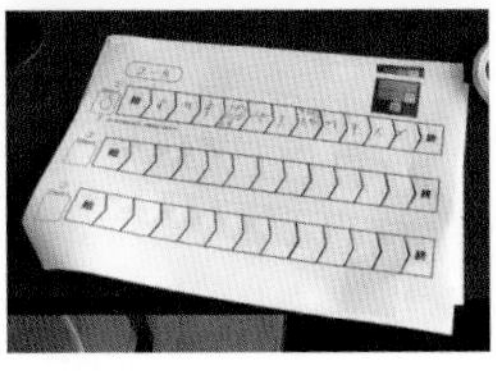

◀班に配布した「プログラミング用シート」は、考えた命令をシートに書くためのオリジナル教材

toioを使ったプログラミング教育授業レポート

『プログラミング』って何？

- 熊本県人吉市立人吉西小学校4年生
- 「総合的な学習の時間」生徒数24人
- 指導者：高田敬史 教諭

学習課題

コンピューターに意図した動きを命令するために、どのような命令を組み合わせればよいか。

学習活動（全5時）

❶ オリエンテーション

この時点ではまだtoioは用いず、シートを使って、クラス全員で自動販売機のプログラムを考え、未来の道具（プログラムを用いたもの）を考える。

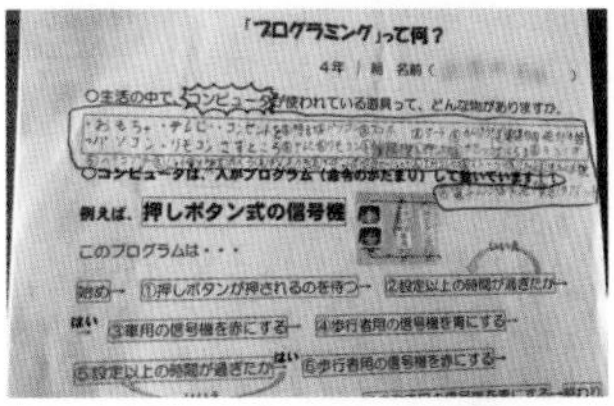

「プログラミングとは何か」を考えるところから授業は始まる。

❷ toioを使ってプログラムする

toioの使い方や用語、toioを使ううえでの「約束」を覚え、「GoGo ロボットプログラミング　~ロジーボのひみつ~」（以下Goロボ）の「1-8」まで行う。

❸「繰り返し」の命令を使えるようになる

❷に引き続き、Goロボの「2-2」「2-3」に挑戦。「繰り返し」を使って解く。

❹ いろいろな種類の命令を使って、問題をクリアする

「繰り返し」にくわえ「アクション」など、さまざまな種類の命令カードを使う。

❺（本時）難しい問題に挑戦する

❹までの振り返りをしつつ、「3-2」「3-3」の難しい問題に挑戦する。

小学校の授業でtoioに挑戦！

事例　熊本県人吉市立小学校

熊本県人吉市は、2019年9月から市内の全小学校にプログラミング教材として「toio」を導入しています。toio導入にいたったエピソードから、toioを使ったプログラミングの授業レポート、さらに指導を行っている現場の先生にお話をうかがいました。

― 実施概要 ―

- **実施校**：熊本県人吉市立 人吉西小学校
- **教　材**：toio本体、「GoGo ロボットプログラミング ~ロジーボのひみつ~」
- **利用者**：小学4年生
- **導入時期**：2019年9月～

熊本県人吉市の小学4年生が、ロボット・プログラミングに挑戦！toioのロボットに夢中になりました！

ゼロから始まった人吉市のプログラミング教育

教室の机にずらっと並んだｔｏｉｏ。熊本県の最南部に位置する人吉市の六つの小学校では、小学一年生から六年生までの全学年が、ｔｏｉｏを使ったプログラミングに挑戦しています。

人吉市の小学生は、これまでプログラミングの経験がまったくなかった子どもたちがほとんどでしたが、机の上を動くロボット「ｔｏｉｏ」に興味津々で、あっというまに、ｔｏｉｏは学校の人気者になりました。

二〇一九年十月には、熊本県人吉市教育委員会の主催で、人吉市立人吉西小学校において、ｔｏｉｏを使ったプログラミング教育の公開授業が行われました。人吉西小学校では、「ｔｏｉｏ」本体セットと、専用タイトル「ＧｏＧｏ ロボットプログラミング ～ロジーボのひみつ～」を教材として、四年生の「総合的な学習の時間」で、全五回のプログラミング教育の授業を行いました。

公開授業には、人吉市の小学校の先生や教育委員会などの教育関係者、さらに地元の新聞社が集い、ｔｏｉｏでプログラミングを楽しむ子どもたちの様子を興味深く見守っていました。

二〇二〇年度からのプログラミング教育に対して、古いパソコン設備しかなかった人吉市が、ｔｏｉｏを導入した理由、そしてｔｏｉｏの授業に挑戦した先生の工夫、子どもたちの成長などを紹介していきます。

用語解説

●熊本県人吉市：人口3万人の都市で、温泉の観光地としても知られている。人吉市立人吉西小学校は、創立143年になる伝統ある小学校であり、2020年3月現在で学級数は14学級、児童数は270名。

ロボットプログラミングのススメ

自分のプログラムで リアルのロボットが動く

プログラミングを学ぶには、さまざまな教材や学習方法があり、ｔｏｉｏのように、ロボットを動かすものは「**フィジカルプログラミング**」や「**ロボットプログラミング**」と呼ばれています。

ほかにも、コンピューターの画面で完結するものや、コンピューターを使わない「**アンプラグドプログラミング**」などの教材もあります。

ｔｏｉｏを使ったロボットプログラミングには、「ＧｏＧｏ ロボットプログラミング～ロジーボのひみつ～」のように、パソコンやタブレットを使わなくてもプログラミングを学べるアンプラグドの製品もあり、幼児からプログラミングを楽しめます。

ロボットプログラミングの最大の魅力は、自分で考えて作ったプログラムによって、リアルなロボットが動くことです。結果がわかりやすく、「できた!」という達成感も強いため、人気が高いジャンルです。民間のプログラミング教室でも、ロボットを組み立ててプログラミングする教室が年々増えています。

ロボットプログラミングが人気の理由はそれだけではありません。ロボットプログラミングを学んでいる子どもたちの目標のひとつが、ロボット大会に挑戦することです。ＮＨＫ「小学生ロボコン」をはじめ、「ＷＲＯ」「ＦＬＬ」「ロボカップジュニア」など、小学生から挑戦できるロボット大会が毎年開催されています。決勝大会では、世界中のライバルと競うことができるため、毎年多くの子どもたちが大会に挑戦しています。

ｔｏｉｏのように完成したロボットの場合、一から組み立てる必要がないため、そのぶんプログラミングに集中できるというメリットがあります。もちろん、自分でオリジナル要素を入れたいという人は、紙の工作やブロックでパーツを自由に追加して、オリジナルのロボットを作り出すことも可能です。

ｔｏｉｏのロボットキューブには高度なセンサーや制御機能が内蔵されています。外観からは気づきにくいですが、内部には最新の技術が詰め込まれています。例えば、光学センサーでｔｏｉｏのキューブが自分の位置を検出し、自動制御で動く機能は、クルマの自動運転技術にも通じています。小さな本体で、これからの社会で使われる最新テクノロジーを、机の上で簡単に再現できるのです。さらに、物体を速いスピードで移動させたときに「慣性」などの物理法則が働くことに自分の経験として気づくことができるのも、ロボットを扱うメリットだといえます。

ｔｏｉｏでは、ロボット工学の入り口となる「原体験」をあそびながら自然に得られます。ｔｏｉｏを通じて未来を体感してみてください。

toioで段階的にロボットプログラミングに挑戦しよう

GoGo ロボットプログラミング ～ロジーボのひみつ～　初級者

パソコンやタブレット不要。あそびながら、「繰り返し」や「条件分岐」の感覚を身につけられます。

ビジュアルプログラミング　中級者

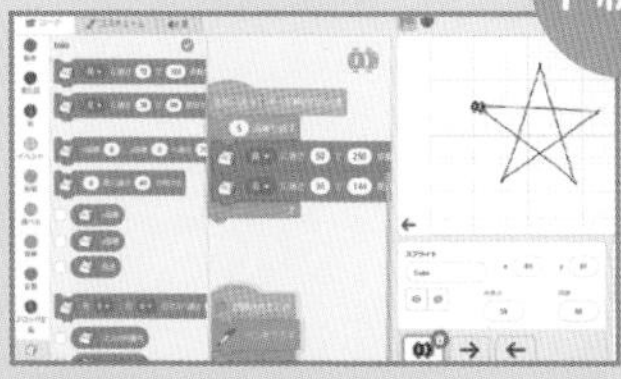

専用アプリで、ブロックタイプの命令を並べて、toioを使ったオリジナルのプログラムを作ります。

JavaScriptなど　上級者

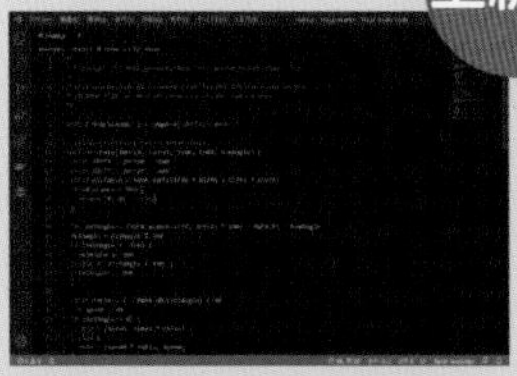

公開されているライブラリをもとに、好きなプログラミング言語を使ってプログラミングできます。

用語解説

●WRO・FLL：WROは「World《ワールド》 Robot《ロボット》 Olympiad《オリンピアード》」、「FLL」は「First《ファースト》 Lego《レゴ》 League《リーグ》」の略で、ともに日本をはじめとした世界で開催されている子ども向けのロボット大会。「教育版 レゴマインドストーム EV3」などを使い、オリジナルのロボットの組み立てからプログラミングまでを行う。

●ロボカップジュニア：1992年に日本で発足されたロボット競技会「ロボカップ」の、高校生までが参加できる大会。「サッカーリーグ」「レスキューリーグ」「OnStageリーグ」の3種類の競技がある。

子どもたちに「一人一台」の時代がやってくる！

プログラミング教育でのよくある誤解として、「全員がプログラマーになるわけではないから、必要ない」「ワープロや表計算ソフトを覚えたほうが役に立つのでは」といった意見もよく聞かれます。ここには二つの誤解があります。まず、小学校でのプログラミングは、プログラマーのように特別なプログラミング言語を使ってプログラムそのものを作ることを目的とはしていません。プログラミングは、あくまで学校の授業を学ぶうえでのツールです。また、ワープロや表計算ソフトを活用したり、インターネットで必要な情報を調べたり、キーボードの練習をしてタイピングスキルを養ったりすることは、プログラミング教育とは別に「ICT教育」の一環として行われています。インターネットを介して、遠方の先生や学校の映像を教室のスクリーンに映し、授業を受けたり交流をしたりできる「遠隔授業」やデジタル教科書なども、ICT教育のひとつといえます。

二〇一九年十二月に文部科学省が公開した「**GIGAスクール構想**」は、全国すべての小中学校に「一人一台」の学習者用コンピューターを導入し、高速な校内LANを整備するという計画です。現在、学校や住んでいる地域によって、コンピューターやネットワークの環境に大きな格差があります。この差をなくし、全国どこでもコンピューターとインターネットを活用した授業を受けられるようにするのが目的です。

「一人一台」の環境が整えば、子どもたちは、それぞれのコンピューターをノートのように使って宿題をするなど、今よりもっと使いこなしていくことが期待されています。二〇二三年までに「一人一台」導入を目指しており、実現すれば、プログラミング教育も今よりもっと身近になっていくでしょう。

プログラミングは年齢を問わず楽しめる！

もう一つ、プログラミングについてぜひ知っておいてほしいことがあります。プログラミングの利点は、コンピューターさえあれば「いつでも、どこでも」「年齢や性別に関係なく」学べることです。日本でも、アプリを配信している小学生プログラマーがいます。最近では、八十一歳でシニア向けアプリを開発したプログラマーの方が、日本だけでなく世界中から注目を集めました。こうしたプログラマーに共通しているのは、プログラミングに興味を持ち、自ら学んでいること、そして身近な課題をプログラミングという手段で解決をしようとしていることでしょう。

プログラミングを始める時期に正解はありません。あえて言うならば、「興味を持ったとき」こそがベストのタイミングです。子どもが「プログラミングっておもしろそう」「やってみたい」と思ったら、ぜひプログラミングができる環境を作ってあげてください。パソコンや教材を購入し自宅で学習するのもよいですし、民間のプログラミング教室や近くのワークショップなどのイベントに行ってみるのもよいでしょう。

ただし、現在はたくさんのプログラミング教材やサービスがありますので、子どもにあったものを選ぶことも大切です。本書で紹介している「**toio™**」（以降「toio」）も、そのひとつで、プログラミングの初心者から上級者までがすべて楽しめるタイトルやサービスが用意されています。toioを使ってプログラミングを初めて体験する場合は、まず「GoGo ロボットプログラミング ～ロジーボのひみつ～」（Goロボ）で楽しみながら、プログラミングの基本的な感覚を身につけることをおすすめします。Goロボでは、自分の作ったプログラムで実際のロボットが動く楽しさを知ることができます。

プログラミング中級者は、無料のtoio専用プログラミングアプリ「**ビジュアルプログラミング**」に挑戦するとよいでしょう。命令ブロックを組み合わせて、複数のtoioを使ったゲームや仕掛けを簡単に作ることができます。本書（13ページ以降）で紹介している各種の作例では、toioの開発チームが協力・監修した八つの「あそび」のプログラムを紹介しています。さらにその先に進みたくなったときは、上級者向けとして「JavaScript」などエンジニアが実際に使っているプログラミング言語でプログラミングを行うことも可能です。

まずは、ビジュアルプログラミングを使って自分でプログラミングしたゲームやあそびを作って、あそんでみてください。

用語解説

● ICT教育：ICTとは、「Information and Communication Technology」の略称で、情報通信技術を活用した教育全般を指す。具体的には、児童生徒が使っている学習用コンピューターや、電子黒板、デジタル教科書、遠隔授業、デジタルドリル、それらを活用した授業などのことで、さまざまな取り組みが、学校ごとに工夫して行われている。

● GIGAスクール構想：「子供たち一人ひとりに個別最適化された、創造性を育む教育ICT環境を実現する」ために、全国の小中学校の児童生徒に1人1台の端末環境、小学校から高校、特別支援学校等に高速大容量のネットワークを整備する、国をあげての一大計画。あわせて、クラウド活用を前提としたカリキュラムやセキュリティの見直し、校務システムの改善なども盛り込まれている。

プログラミング教育とは？

プログラミング教育が目指す三つの目的

二〇二〇年から小学校で始まった**プログラミング教育**。小学校でも必修としてプログラミング教育を導入したのは、主に三つの大きな目的があります。

一つ目は、**コンピューターについての基礎知識**を身につけることです。小学校では、地理や歴史、世界のできごとなどで自分が住んでいる世界のことを学び、足し算や自然の現象などで生きていくうえで知っておきたい知識を身につけていきます。身のまわりの多くのものがコンピューターを活用している現代社会では、コンピューターがどんな仕組みで動いているかを、他の知識と同じように知っておく必要があります。将来どんな職業に就くとしても、プログラミングを通じて、コンピューターを動かすための仕組みを知ることが重要なのです。

二つ目が、プログラミングを通じて**論理的思考**を育むことです。コンピューターをプログラミングによって動かすためには、どのような動きを組み合わせればよいかを考えて、試行錯誤しながら目標に近づけていきます。この「情報技術を効果的に活用しながら、論理的・創造的に思考し課題を発見・解決していく」力を「**プログラミング的思考**」と呼んでいます。小学校では、「プログラミング的思考」を養っていくことをプログラミング教育での大きな目標のひとつとしています。

三つ目は、コンピューターを活用して、自分の生きている社会や人生をよりよいものにしていこうという態度を養うことです。具体的には、学校や家庭で解決したい課題を見つけ、それをプログラミングによって解決する方法を考える授業などが行われます。プログラミングは特別なものではなく、便利な「道具」のひとつとして使いこなしていくことが期待されています。図工の絵の具のようにプログラミングで作品を作ったり、体育ではマット運動の前転や後転などの動きを組み合わせて「動きのプログラム」を考えたりする授業も行われています。

何よりも大切なのは、小学校において「コンピューターは身近にあり、よくわからない難しいものではない。コンピューターを動かすプログラミングは楽しいものなんだ」という楽しさを伝え、子どもたちが「もっとプログラミングをやってみたい」という学ぶ意欲につなげることです。さらに中学校では実際にプログラミング言語などを使い、作品を仕上げる授業を行います。小学校でのプログラミングが楽しいものだという経験が、中学校以降の学びにもつながっていくでしょう。

▲多くの授業事例が掲載されている「小学校を中心としたプログラミング教育ポータル Powered by 未来の学びコンソーシアム」https://miraino-manabi.jp/

プログラミング教育で重要な3つの柱

文部科学省では、学習指導要領の「小学校プログラミング教育で育む資質・能力」として、以下の3つの柱をあげています。

知識及び技能
身近にコンピューターがあることに気づき、体験をとおしてコンピューターの仕組みを知る

思考力・判断力・表現力等
試行錯誤しながら、意図した活動を実現するために、組み合わせを論理的に考える

学びに向かう力、人間性等
身近な問題の解決に、コンピューターを活用していく、主体的に取り組む態度

用語解説

●**学習指導要領**：全国で一定水準の教育になるよう、文部科学省が、学校教育法等に基づいて各学校で教育課程（カリキュラム）を編成する際の基準を定めたもの。近年では約10年ごとに改訂されており、小学校では2020年度から、プログラミング教育の必修が盛り込まれた最新の学習指導要領が実施されている。

●**プログラミング的思考**：2016年に開催された「小学校段階における論理的思考力や創造性、問題解決能力等の育成とプログラミング教育に関する有識者会議」以降、この言葉が使われるようになった。

toio

と

学び

toio™（以降toio）はロボットプログラミングの教材として、小学校だけでなく、民間のプログラミング教室、地域のプログラミングクラブ、そして家庭など、さまざまな学びのシーンで活躍しています。

この「学びパート」では、日本におけるプログラミング教育の概要から、toioをプログラミング教材として導入している小学校をはじめとした活用事例、ワークショップの開催方法までを紹介します。

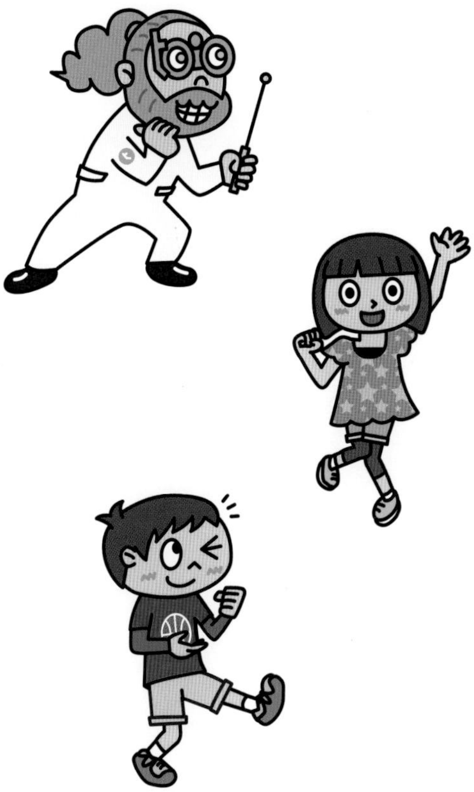

もくじ

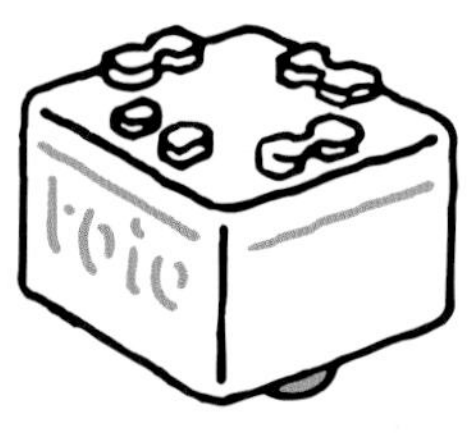